黃河流域水利碑刻集成

山西卷 六

總　主　編　趙超　行龍

執行總主編　駱玉安

本卷主編　郝平

本卷執行主編　吳小倫

上海交通大學出版社
SHANGHAI JIAO TONG UNIVERSITY PRESS

清（四）

691. 創立碑記

立石年代：清道光十四年（1834 年）

原石尺寸：高 28 厘米，寬 46 厘米

石存地點：晋城市鐘家莊街道上輦社區

創立碑記

凡我鳳□之屬，古立四官，有神水，其内有烏政官。神水浩大，每選水官之家祝祀神明。社中亦有公祀，近因社中人家有餘者少，不足者多，社分鮮少，敬神祝祀，各物甚貴，難以支持。嘗聞古語，水官之家不出社錢，亦有出过。今合社公議，□□以后，凡應水官之家，撲□□□，照舊出社。撲壇以后，湯聖帝到此，止出門頭，地畝□出。每年四月初三以及秋□，照旧俱以出備。自此永□更改。特此勒石爲記云爾。

上輦村閣社公立。

道光十四年歲次甲午六月穀□。

清（四）

永垂不朽

692. 重修水母廟碑記

立石年代：清道光十五年（1835 年）

原石尺寸：高 112 厘米，寬 52.5 厘米

石存地點：長治市沁源縣韓洪鄉龍家堂龍王廟

〔碑額〕：永垂不朽

盖聞從來莫爲之前，雖美弗彰；莫爲之後，雖盛弗傳。況廟宇者爲神所憑依，神靈爲民所瞻仰，非有好善者不能作之于先，非有振興者亦不能繼之於後。甚矣！創始難而補茸亦不易也。古者靈石縣東作里□河村舊有龍江潭龍王廟、水母洞二所，未知創於何代，生至何時間。嘗遍尋碑記，歷稽古迹，重修於嘉慶之季，至今復有數十餘年。四方皆感慨其聖境毀塌焉，村中亦目擊心傷。公議補修，聖像洞口异爲改觀，新造門樓以爲誠裘之計。費金粟以甚重，伏乞四方人仁君子喜捨資財，共襄聖舉。前代建立以護國，後世庇民有感至。古道毀壞者修之，殘缺者補之。規模仍其舊，洞口改其新，□□調年豐稔，而感應無窮矣。不獨可以成乎神之志，抑亦可以廣福緣之慶矣。是爲序。

撰并書王致遠。

總糾首：王奇立施錢壹千四百文，王福根施錢壹千文，楊林森施錢一千文，孫廣盛施錢四百文，李伏施錢貳百文，王致遠施錢壹千貳百文，王封楚施錢一千四百文，王封魯施錢一千四百文，南世忠施錢三百文，閆光斗施錢二百文，王□遠施錢貳百文，王國遠施錢壹千四百文，高万山施錢壹千文，裴文荣施錢二百四十，楊有富施錢貳百文，王封□施錢一百六十，王元奎施錢五百文，刘富世施錢五百文，张孝貴施錢二百四十，杜金宝施錢二百文，王□保施錢一百六十。

香首：王根全施錢六百文，李天景施錢四百文，张潯施錢二百四十，王荣全施錢二百文，王天命施錢一百文，王興仕施錢壹千六百文，王丕修錢四百文，南如隆施錢二百四十，王元富施錢二百文，王大禄施錢一百文，王盛仕施錢壹千六百文，王禄亨施錢四百文，南宝山施錢二百四十，王成鎖施錢三百文，王興盛施錢□百文，王有盛施錢壹千文，王祚昌施錢四百文，王丕顯施錢八百文，李玉山施錢三百文，王天成施錢壹千文，王金□施錢三百文，王福全施錢四百文，王有林施錢三百文，王丕业施錢壹千文，王成山施錢三百文，张元明施錢三百文，王有貴施錢二百文。

木匠牛王清，施錢貳百；丹青崔□桂；石匠師楊乃秀。

大清道光拾伍年孟冬亥月上旬穀旦。

693. 重修碑記

立石年代：清道光十六年（1836 年）
原石尺寸：高 148 厘米，寬 54 厘米
石存地點：長治市黎城縣嵐山廟

〔碑額〕：昭示來茲

重修碑記

黎之西北有嵐山，層巒疊翠，松柏陰翳，邑誌八景"嵐山夜雨"其一焉。山建龍王殿一所，考之碑記，其神盖封於元而□□於明者也。數百餘載，咸仰聲靈，四十八村共沐瓊液，果神以地靈歟？抑□龍神顯耶！殿之南北廊房數十間，前人於殿廊頹廢□□，每資山之所有，鳩工庀材，以爲飛翬計。茲者廊宇已見其傾□，□崖難供□□用。爰集五村共議，各捐己資，少爲補葺，非敢謂□□以增華，亦但期有基俾勿壞也云爾。是爲記。

邑庠生下桂花維首高□□撰，上桂花維首李清蘭丹書。

（維首及功德人員芳名略而不錄）

大清道光拾陆年七月上浣之吉，同勒石。

694. 重修靈貺王殿碑誌

立石年代：清道光十六年（1836 年）
原石尺寸：高 118 厘米，寬 50 厘米
石存地點：長治市平順縣石城鎮遮峪村

〔碑額〕：萬古流芳

重修碑誌

嘗思：修補之功，莫大乎創立也。非創立莫能有重修，非重修亦不能以繼創立焉。夫古此久有靈貺王殿三間，左□□，右五龍。神靈剛直而衛護國家，興雲覆雨，澤被衆生。□□□，天遭地□而廟貌傾頹，神像凋敝，香民視之嗟嘆不已。忽有善男岳生……誠心作念，會合村中老幼，協工資財，不月功成告峻〔竣〕。□□煥□□新□□□誌，以戒後人之善心云尔。

恭則水、張興柱施錢四百文；張子能施錢三百文；張子恭施錢三百文；張王□施錢二百文；張興德施錢二百文；張興起施錢一百文；張子文施錢一百文；張□昌、張興王、張永福三人錢四百五十；張永順施錢一百廿文；王□星、張永星、張興富、張□義、張興玉、張興盛、張□□、張恩效、張□已、張□和、張興奄、張步秀、張步鎮、張步星、張步升、張步瞻、張步倉、張步郡、張步有、張步方、張□童，以上二十一人共施錢二千一百文；張子成、張永厚、張永昭……本村岳生富施錢二百；後元錫施飯一擔，妻施錢五十文；王家庄王明南施錢三百文；馬踏村□□施錢三百文；郭天佑施錢九百文；岳九江施錢□□文；岳□則……岳奄山施錢五十文；郭生庫施錢五十文；岳守山施錢一百文。

維那人：岳生芳施錢□□、岳九興、岳九奇、郭天祥。管賬：岳童山。（以下人員姓名無法辨認，略而不録）

大清道光拾陸年十月初二日立。

695. 重修龍王馬王牛王財神廟碑記

立石年代：清道光十七年（1837 年）

原石尺寸：高 100 厘米，寬 49 厘米

石存地點：臨汾市蒲縣薛關鎮井溝村

〔碑額〕：永垂不朽　　日　月

□聞廟宇之設，所以護佑生靈，□福萬民也。昔井溝鎮□龍王、馬王、牛王、財□之廟於河之北，其由來舊矣。歷年久遠，漸□損壞，予等心焉傷之。因於道光十六年正月，與合村人等商□，補葺重修，衆皆喜□相助。於是議定二月、五月、八月三次撥錢五拾千有零，□於三月内動工，□葺正殿三間，創修石□三孔，金妝財神，一切墻院皆焕然一新，至六月而功告成焉。統計費錢壹百千有零，□錢不足，又合村共議□□五拾千有零，以□此行……石。恐世遠年湮，而仍復故□□，今春衆議立石以垂永久。是爲序。

邑增生□□□□□并書。

時道光十七年二月吉日合村公立。

696. 創建三門碑記

立石年代：清道光十七年（1837 年）

原石尺寸：高 163 厘米，寬 69 厘米

石存地點：運城市臨猗縣臨晉縣衙門口

〔碑額〕：皇清

創建三門碑記

臨邑西有白龍神廟，縣綱廟也。官寮自每歲春秋祭祀，朔望行香外，凡與士庶課時間，□□□□□焉。神□□□有□□□五日……風，十日雨，庶物賴以長養，萬民藉以生活，欲崇祀典，不第殿宇宜新，所□，宜……亦不可……無中門，□有兩角門。東者東向，西者西向，神無出入之途，人亦往來不順況□門世□□□，且□傾□，过者莫不觸目□□，□□梁建德存心虔誠，始終不懈，□於道光辛巳□，量所募資，修葺正殿及兩廡□□，又念門不壯丽，□□□以□觀瞻，□邀梁桓盛、趙福榮、梁凌漢共議募化，速邇數□□□社各村爲□不亏一簣，集腋自足成裘，□四方□□甚夥，遂庀材購料，涓吉動工，創建中門三楹，改修東西角門□□楹，移爲南向，功始於甲午年二月，至五月告竣，□□門制煥然一新。□而望之鬱乎似積雲，就而察之□乎若泰山，向離明而文符可卜，應畢□而雨□知時，神悅人恰，内外相稱，所關良非淺矣。功竣之後，□事者欲勒貞珉，永垂不朽，以文属余。雖不能文□以善，事未敢辭，遂□管憑毫，以誌始末。他若廟之創建自何年，重修凡幾次與社事廢興之□，悉載備廟碑中，余皆略而不陳，□贅也。

儒□生員李興銓頓首撰文，業儒生胡夢齡書丹。

敕授文林郎内廷實録館漢謄録□知□晉縣事加五級紀録十次舒元益，賜進士出身敕授文林□署理□□縣事加五級紀録十次吳逢甲，賜同進士出□教諭張□褒，臨晉縣典史□一級孫同，臨晉縣城守司廳加一級大功□次楊名世。

（以下碑文漫漶不清，略而不録）

道光十七□歲次丁酉暮春上旬之吉。

697. 重修井泉序

立石年代：清道光十七年（1837 年）

原石尺寸：高 31 厘米，寬 50 厘米

石存地點：長治市黎城縣上遥鎮柏峪腦村

重修井泉序

聞之莫爲之前雖美不彰，□□之後，雖盛弗傳。村之北□□□井泉一座。維石蟠繞，群山□□□□□也,奈何歷年久遠,□□□就水眼塵封。村中耆老□□□之,因於□七年三月十一日興□,告竣而□然維新矣。將見原泉混混，合村沐膏澤之恩；水流湯湯，比户戴□□之德也哉。謹爲序。

合社人：任□、郭永生、胡瑢□、常□□。

香老：常庸、武中考。

玉工：楊逢春。

胡廷蘭□□。

道光十七年三月十一日。

698. 創建龍王馬王神殿碑記

立石年代：清道光十七年（1837年）

原石尺寸：高90厘米，寬50厘米

石存地點：臨汾市浮山縣北王鎮莊裏村

創建龍王馬王神殿碑記

嘗聞神恩廣被，民安物阜，人力普存，恒報答乎聖德。今莊禮村感念畜產蕃庶，甘霖時降，愧無□建龍王、馬王尊神殿宇，以爲神庥。歷年雖云献酒醴、供犧牲，不過於白衣殿中舉其意焉，安能報神恩於萬一？於道光拾陸年，少長咸集，感動奮發。舊有白衣大殿，廢者以修，缺者以補，左右地基窄狹，相形度勢，各立祠□於兩邊。吾□人各出己資，地畝均攤。奈村力微弱，正如掘井及泉，獨立□效。復又廣募義囊，共襄盛事。兹厥工告竣，建碑勒石，以誌千載不朽云爾。

邑人高子瀟撰文，邑人高丙剡書丹。

總理人：高溼。

管□人：高廷□、高□溼、高治麟。

大清道光拾柒年歲次丁酉蒲月穀旦。

永垂不朽

重修碑記

合社人公勒石

699. 重修碑記

立石年代：清道光十八年（1838年）

原石尺寸：高133厘米，寬66厘米

石存地點：臨汾市大寧縣三多鄉阿龍村阿龍老廟

〔碑額〕：永垂不朽

重修碑記

嘗思神道至公，固無往而弗屆，人心好善，自有感而必應。邑之東南三十餘里，先民創修諸神庙宇，萬古常存。上建天神威靈顯赫，人祖普濟蒼生，伯王驅逐虫蟻，龍王出雲降雨。迄今歷年深遠，墙壁傾頹，聖像剝落，若不修葺，則前功盡弃，無以妥神。於是合社公議。但工程浩大，費用莫出。遂出售神樹，得金四佰餘兩。鳩工庇材，磚砌樂亭，添建僧舍。庶工程告竣，廟貌巍峨，聖像金碧，焕然可觀。是舉也，前人創之於前，後人繼之於後，乃知神必依人，人亦依神。但祈年慶豐稔，地無灾祲。是即神靈之默佑無窮，而生民之托庇無疆矣。爰爲之記。

邑庠生王清晏敬撰，邑庠生劉鈞書丹。

廟官張德龍。

四社經理人：辛天明、趙廷遠、趙廷珍、趙有雲、趙有明、趙有賢、刘開、張光、孔玉成、党克仁、馮和德、袁萬金、石英務、安會元、張斗成、賀長蘭、賀金玉、薄元福、李招財、張有順、姚世斌、安自賢、賀金明、刘自元、李春方、刘學文、張文成。阿龍村：趙廷有、趙廷禄、趙有華、趙有庫、楊德榮、趙有義、宋仕法、高文□、□必成、郭盛材、張斌順、王云福、高非□、刘丕成、楊鳳蒼、魏士德、賀世孝、李世□、刘□□、宋貴、李成盛、王金成、喬廷胡、赫思、趙繼寬、張玉林、劉朝海、劉繼禹、張成福、付萬輝、付拴地、刘守信、侯心照。南堡村：刘建、党克成、□義信、馮義花、石順兒、孫學得、張文寬、宋居林、張會、張開、石英□、周學花、党克法、盧持□、馮義功、陳志保、閆蛋子、周學貴、李九有、張有法、曹有庫、馮全福、郭義山、李貴士、李上修、袁志翠、任義、孔生才。烏啼村：安丙成、黃有同、高尚富、張小狗、吳恩禮、房居倉、姚玉進、馮希信、賀進艮、李□雲、馬家原、賀光立、刘世文、賀如管、賀長明、刘來。刘家庄：郝寧吉、辛朝成、郝朝武、陳鳳龍、張希才、楊生榮、王玉福、楊秀、楊生花、楊生富、王斗福、張賓彥。李家庄：刘光□、曹生□、張世武、安有財、□□□、賀學成、梁金倉、高尚雲。北庄：李有勳、任成□、高□□、王夢□、刘志□、李□□、馮天成、李學仁、李□發、任大興、吉平、馬萬庫、刘孝身。

合社人同勒石。

石匠杜恒棠，木匠王步金，畫匠南天智，瓦匠陳永安。

大清道光十八年季春月穀旦。

700. 重修白龍廟記

立石年代：清道光十八年（1838 年）

原石尺寸：高 133 厘米，寬 58 厘米

石存地點：呂梁市方山縣峪口鎮宗家山村白龍廟

〔碑額〕：皇帝萬歲

重修白龍廟記

竊思龍之神遍天下，覆育有功，致使雷轟電烈，行風□雨，譴悖逆而覺崇，睨視則目□之裂也。本村廟宇之建，肇於有明。户口之數，迭爲盛衰；補修之□，詎得一一而考之？□嚴和等補修於國朝乾隆年間，自此一境安妥，歲稔時豐，蕩蕩乎若天開圖畫也。比來歲深塌圮，風敗壁，宿雨頹檐，堂址幾乎墟矣愈甚，目擊而心切慘傷。嚴其定、嚴其荷、嚴其昌等，於嘉慶三年姑徇衆議，既輸己資，又募緣化，易故檐而成新，依□像而東向，庶乎焕然一新，□神庥無窮矣。煌煌乎與日星互相掩映，白龍神像於正儼然。□竣後，聊掇并言，用誌碑首。詎敢謂神之所享即在是，聊以第兆民之遐觀，禱四序之風雨之藉焉云爾。是爲序。

　　□□嚴鈔撰書。

　　功□主：嚴□□、嚴其荷、嚴其昌。

　　□首：段□、嚴椏、嚴鏡、嚴□。

　　立碑經理人：嚴□、嚴鋁。

　　（本村施錢人姓氏略而不録）

　　大清道光十八年六月吉日立。

701. 井坪重修東龍天廟碑記

立石年代：清道光十八年（1838 年）
原石尺寸：高 175 厘米，寬 65 厘米
石存地點：朔州市平魯區文管所

〔碑額〕：流芳

　　蓋聞莫爲之前，雖美弗彰；莫爲之後，雖盛弗傳。《易》曰："作善降之百祥，作不善□之百殃。"則神之不可不敬也，明矣。□城□有東龍天廟，崇□壯麗，足大觀□，□以風雨飄摇，正殿、樂樓、瓦屋、聖像傾頹。居人安萬季遂有志興修，力□未逮。募化四方農工商□，好善樂施。重修正殿、□樓，補塑、金妝聖像，燦然皆新。今工既告竣，將捐資芳名勒石，以誌不朽云。

　　（以下碑文漫漶不清，略而不録）

　　龍飛道光十八年歲次戊戌孟秋月穀旦立。

清（四）

702. 下團柏村渠事立案碑

立石年代：清道光十八年（1838年）
原石尺寸：高102厘米，寬49厘米
石存地點：臨汾市汾西縣團柏鄉下團柏村九天聖母廟

〔碑額〕：永垂不朽

具懇。下團柏村合社人等爲懇請立案以垂久遠事。緣本村舊有□水渠一道，屢年修築，時有破損。嘉慶八年河水猛漲，將渠沖壞。控蒙□天□斷令，逢山開鑿，就近取土，不准阻當在案。年歷久遠，渠規漸廢，以致去年河水猛漲，沖壞渠口。村人領工修渠，詎知王忠阻當，控告尚未結案，又被趙連甲以恃衆欺懦告案。均經薛義、李養忠説合，懇息結案。今事雖暫息，而渠規未定，恐難久遠，況今渠道蒿草雍塞，下邊得水不易。合社公商，上至渠口，下至宋家窊，着當年渠長開劈渠路，不許加復堰底。爲此叩乞青天顧太爺恩准立案，以便勒石，以垂久遠。合社頂恩無暨矣。蒙批據票，渠規既係合社公議，事屬可行。准如所請，立案可也。

渠長龐企哲，香首仇儀吉。

公直：龐珫、仇學雄、傅炳、仇冠南。

總管：蔡君璽、仇登夆、張學仁、龐玉箸、仇金聲、龐清郎、張金相、仇文吉、仇士林、龐福榮、龐升庸。

住持：闊有。

道光十八年菊月吉旦。

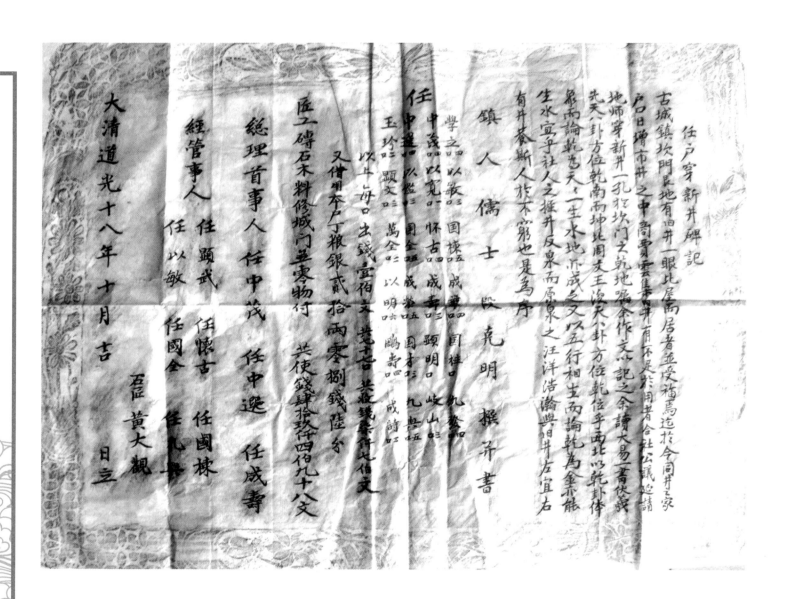

703. 任户穿新井碑記

立石年代：清道光十八年（1838年）

原石尺寸：高48厘米，寬63厘米

石存地點：臨汾市襄汾縣古城鎮

任户穿新井碑記

古城鎮坎門艮地有旧井一眼，比屋而居者并受福焉。迄於今，同井之家户口日增；市井之中商賈雲集，旧井有不足於用者。合社公議，延請地师穿新井一孔於坎門之乾地，囑余作文以記之。余讀《大易》一書，伏羲先天八卦方位，乾南而坤北。周文王演天八卦方位，乾位乎西北。以乾卦体象而論，乾爲天，天之一生水，地亦成之。又以五行相生而論，乾爲金，亦能生水，宜乎社人之掘井反泉。而原泉之汪洋浩瀚，與旧井左宜右有，井養斯人於不窮也。是爲序。

鎮人儒士段克明撰并書。

任學立四口，任以敏三口，任国棟五口，任成華四口，任国柱口，任九發四口，任中茂四口，任以寬一口，任懷古四口，任成壽三口，任顯明口，任岐山三口，任中選四口，任以鑒三口，任国全五口，任成榮五口，任国才三口，任九興五口，任玉珍二口，任顯文三口，任萬全二口，任以明六口，任鵬壽四口，任成詩三口。以上每口出錢壹佰文，共七十七口，共收錢柒千柒百文。又借用本户丁粮銀貳拾兩零捌錢陸分。

石匠：黄大觀。

匠工、磚石、木料、修城門并零物付，共使錢肆拾玖仟四佰九十八文。

總理首事人：任中茂、任中選、任成壽。

經管事人：任顯武、任懷古、任國棟、任以敏、任國全、任九興。

大清道光十八年十月吉日立。

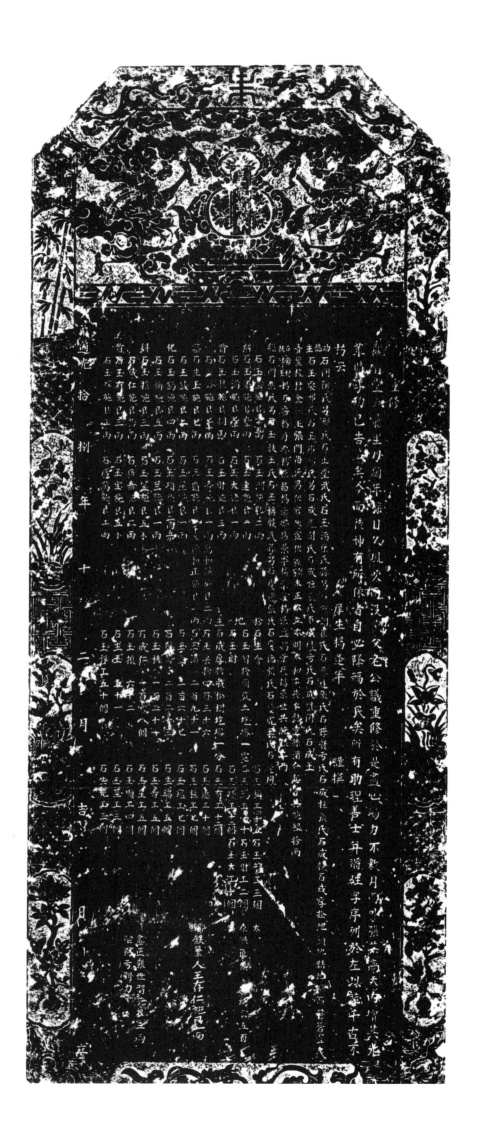

704. 重修觀音堂五龍聖母廟碑

立石年代：清道光十八年（1838年）

原石尺寸：高200厘米，寬80厘米

石存地點：太原市古交市河口鎮馬連咀村南海寺

〔碑額〕：皇帝萬歲

重修

觀音堂五龍聖母廟，年深日久，風吹雨没，村中父老公議重修。於是盡心竭力，不數月而外張其高大，內增其光華。時乎功已告成矣。今而後神有所依者，自必降福於民矣。所有助理、善士并將姓字序列於左，以誌千古不朽云。

庠生楊逢年謹撰。

功德主：石門陰氏，男邢氏；石玉堂，武氏；石玉滿，康氏，孫男□□朝，崔氏；石荐廷，張氏；石荐賢，弓氏；石成柱，張氏；石成□，石成厚，拴地，鎖地，□地；□石聲磬，盧氏；石玉栗，邢氏；石玉庫，□氏；男石成龍，閆氏；石成恒，□氏；石成□，弓氏；石成鳳，閆氏；石成玉。

青崖槐村金□主：張門苗氏，男伏官、伏宦、伏寅，孫男本正、本立、本明、本和、本後、本誠，重孫滿會，起□共施銀拾兩。

石岩村扶碑主：楊万喜、楊万要、楊景昌、楊景安、楊景寧、楊□□、楊景盛、楊景展、楊景世，共施銀二兩。

總糾首：石門張氏，男石玉秩，王氏；石玉稱，殷氏，孫男石慶龍，張氏；石慶德，張氏；石慶虎，王氏；石□□。石玉□施銀三十五兩，石玉□施銀九十兩，石玉滿施銀七十兩，石玉秩施銀捌兩，石□磬施銀七十兩，石生玉施銀七兩，石玉錢施銀二兩，石玉錫施銀四兩，石玉稱施銀五兩，石玉振施銀三兩，石成仕施銀拾兩，石玉有施銀三兩，石玉祥施銀三兩，石玉湖施銀二兩，石玉連施銀一兩，石玉大施銀一兩，石玉財施銀三兩，石玉壽施銀一兩，石玉嶺施銀一千文，石玉星施銀一兩，石玉頃施銀二兩五錢，石玉兰施銀一兩，石玉璽施銀五錢，石廣泰施銀二兩，石玉宝施銀五錢，石廣萬施銀二兩，萬和誠施銀二兩，德和正施銀一兩。

捨地主：石生會、石生智捨廟底土圪塔一處，石玉財、石成厚捨栽松樹圪塔一分，石玉粟捨四百三十六，石玉滿二百九十一，石玉堂二百六十七，石聲磬二百二十三，石玉秩一百二十一，石成仁一百零八個，石玉振六十二，石生玉五十一，石玉祥工五十個，石玉稱工四十五，石玉錫工四十，石玉頃工十二個，石玉有工十二個，石玉連工十個，石玉柱工七個，石玉蘊工七個，石生瑞工五個，石玉壽工五個，石玉星工五個，石玉順工四個，石玉蘭工三個，石生光工三個，石玉智工三個，石玉財工二個，石玉大工一個。

太原□鐵匠侯□施銀五百，郭縣鐵筆人王存仁施銀一兩，畫匠張世智施銀三兩，陰陽弓朝力。

□□道光拾捌年十二月吉日立。

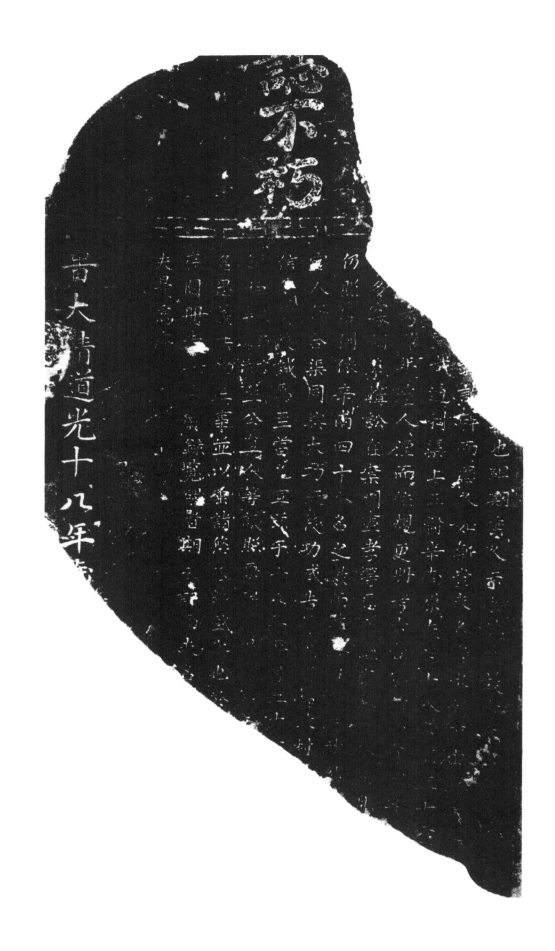

705. 通利渠碑

立石年代：清道光十八年（1838 年）

原石尺寸：高 58 厘米，寬 52 厘米

石存地點：臨汾市洪洞縣辛村鎮辛南村

〔碑額〕：□誌不朽

……也碑期垂人示永誌也。故古來……碑而歷久如新，豈夫名爲水利所由……哉。通利渠上三村辛南原夫四十八名，雍正十六……考雖年遠人湮而依規更册，考古者知□而有□矣……多寡相争構訟在案，□盡孝等□□庙越九年年五月……仍照舊例，依辛南四十八名之數，兩□□□□□甘結……人糾合渠同興大功，□後功成告□，□□馬□村……信□傳後誠爲至當允宜。茲于十八年正月二十……領袖周清言、辛□□并公直人等議照原……名思義共襄渠事，并以垂諸悠久，誠盛舉也。於……庶閲册者□有實録，覽碑者期永誌而夫名……夫。是爲序。

　　時大清道光十八年歲……

清（四）

永垂不朽

重修龍洞記

龍之名靈昭昭也夫則雲從興則雨施澤潤萬物振古如茲烏龍洞在平邑八景之一
註為龍洞滴珠有濤立應書慧碑銘記載詳矣原其歷年已冬但
前止龍勢所為規模狹小不足壯觀更兼數十年來歲屢歎以經首每多推諉而補道無
人傾頹特其有朝州屬泉善庄楊翁名昶者與予係獨萬之親自道光六年始入會經理
紳經府即有重修之意因工程浩大未敢輕動至十五年万集泉商議量材鳩工延從三
歲方吉落戲仍舊架戲樓則煥新模展兩壁之牆垣增後院之房室洞棒野坊白
西并省電加更拆則猶是廟泌而頌覺煥乎改觀矣予岳父楊翁因年高受勞從廟得慶
至岑未念今春令算錢數予岳父除捐貲壹百千外多佃錢參晉千不願以姜化未起者
補還亦願盡施於廟是誠甚盛舉也予聞而欲然因立碑誌之以垂義聲於無窮歟欽

道光丁酉科拔貢候選儒學教授趙時寅謹撰

儒闕縣儒學增廣生員王渤謹書

龍飛大清道光十九年歲在屠維大淵獻相月穀旦立

706. 重修碑記

立石年代：清道光十九年（1839 年）

原石尺寸：高 190 厘米，寬 78 厘米

石存地點：朔州市平魯區雙碾鄉泉盛莊村北烏龍洞祠

〔碑額〕：永垂不朽

重修碑記

龍之爲靈昭昭也，奮則雲從，興則雨施，澤潤萬物，振古如茲。烏龍洞，本平邑八景之一，注爲龍洞滴珠，有禱立應。書志碑銘，記載詳矣。原其創立，始於有明萬曆，其歷年已久。但前止就勢所爲規模狹小，不足壯觀。更兼數十年來，歲屢歉收，經首每多推諉，而補葺無人，傾頹特甚。有朔州屬泉盛庄楊翁名昶者，與予係甥舅之親，自道光六年始入會經理。糾經首即有重修之意，因工程浩大，未敢輕動。至十五年乃集衆商議，量材鳩工。延及三載，方告落成。大殿雖仍舊架，戲楼則煥新模。展兩壁之墙垣，增後院之房室。洞楼、好蚄、白雨亦皆重加更換。則猶是廟也，而頓覺煥乎改觀矣。予岳父楊翁，因年高受勞，從廟得疾，至今未愈。今春合算錢數，予岳父除捐資壹百千外，多佃錢叁百千，不願以募化未起者補還，亦願盡施於廟，是誠甚盛舉也。予聞而欣然，因立碑誌之，以垂義聲於無窮歟。

道光丁酉科拔貢候選儒學教授趙時寅謹撰，偏關縣儒學增廣生員王渤謹書。

龍飛大清道光十九年歲在屠維大淵獻相月榖旦立。

重修碑記

龍王廟一楹所以受神雨澤也歷年既久風雨飄搖圖畫
北總村舊有　　　　　　　　　　　　　　像剝落以致祠宇傾圮因
龍王廟　　　　　　　　　　　　　　　　　　剝落以壯觀瞻悅神意乎村人於
貌不肯草且基址巷衖　　　　　　　　　　重修祠泰祈秋報不便
是勤各以誠　　　　　　　　　　　　　　坐像取其正廟前詞擴地
道光九年請用舊基之上　　　　　　　　址以為異日造築樓榭也
其不朽云

梁椒施錢壹千叁百文
梁仲無施錢九千　　　　劉庄定
梁圓前施錢　一百文　　　　成沐手敬陽撰
梁國太施錢叁千文
梁恒施錢壹千文　馬途施錢叁百文
梁義施錢壹百文　梁自成施錢
王建佑施錢五百文　　　梁叔文
梁光施錢佳百文
梁富施錢式百文
　　　　　梁叔文

大清道光十九年七月穀旦　立

707. 遷修龍王廟碑

立石年代：清道光十九年（1839 年）

原石尺寸：高 116 厘米，寬 51 厘米

石存地點：朔州市朔城區利民鎮小北岔村龍王廟遺址

〔碑額〕：重修碑記

遷修龍王廟

小北岔村舊有龍王廟一楹，所以妥神靈而禱雨澤也。歷年既久，風雨漂搖，畫像剝落，以致祠宇傾圮，廟貌不齊。且基址甚近溝澗，春祈秋報，不便献饗，奚以壯觀瞻、悦神意乎？村人於大清道光十九年，請廟於舊基之上。坐像取其正，廟前開擴地址，以爲异日造樂楼計也，□於是勒石以誌其不朽云。

照什八庄劉定成沐手敬撰書，施錢壹千文。

梁叔施錢陸千叁百文，梁雍唐施錢壹拾壹千九百文，梁国柱施錢九千一百文，孟仲元施錢陸千一百文，梁国有施錢陸千一百文，□□□□錢陸千一百文，梁福唐施錢陸千一百文，梁繼唐施錢陸千一百文……梁国太施錢叁千文，李恒施錢壹千文，京義施錢壹千文，梁海施錢五百文，王廷佑施錢五百文，梁元施錢五百文……劉逢陽施錢叁百，馬富施錢叁百，梁自成施錢叁百，梁昌施錢叁百，王富施錢叁百，尹財施錢貳百。馬□、馬□、許□荣、□德，各□錢貳百。

共捐布施錢陸拾壹千八百文，共花過錢陸拾壹千八百文。

經理人梁叔，石匠郭澤霖，木匠□鳳祥，泥匠京義，化匠何成忠。

大清道光十九年七月穀旦。

708. 重修陂池碑記

立石年代：清道光十九年（1839 年）
原石尺寸：高 54 厘米，寬 58 厘米
石存地點：臨汾市古縣古陽鎮熱留村關帝廟

重修陂池碑記

蓋聞停水曰池，畜水曰陂。鄉村之有陂池，無非爲風脉計也。熱留村古有陂池一所，鑿村中區。當池水充滿之際蛙鳴池内，波動池中，洋洋乎爲余村形勝之地，實脉氣之所由關也。但□□□沼旁無收斂，一經坍塌，其地即與街平，池溏壞，恍若糞場矣。夫以上美之地，而形其不美，村人莫不顧而慮之也。故今合村公議，村中約有百家，每家納石頭一十五塊。復擇其富厚者攢錢二十餘千文，以爲工價，買磚并石條、石灰之費。内周圍用石捲起，外四面用磚修成八角花墻。工成告竣後，適值大雨時，行道水流入其中。村人玩賞之間，視其墻，墻垣清雅，見其水，□色漣漪，將秀凝瑞聚，地靈人杰，其裨益村脉，或且有較勝於昔者。一時納工輸財，與夫勞心修理之善，均不可以不記也。故誌之，以示不諼云。

邑後學趙步楚撰并書。

（經理人等芳名略而不録）

道光十九年仲秋上旬吉日闔村公立。

709. 夏賢頭村祭祀公議布施碑

立石年代：清道光十九年（1839年）

原石尺寸：高125厘米，寬60厘米

石存地點：長治市襄垣縣下良鎮紅土坡村

言大明成化年初立宅庄以來，起庄名夏賢頭。□以務農爲本者，謹敬護國龍王、古佛菩薩、龍天土地爲重者。神聖有靈顯之功，心正必應，可知神□□祀不可不誠。到大清道光年，有善捨布施人名開列于後：

路鴻鈞，男路東、路儒、路海，善捨橋頭坪地拾貳畝、□料脚地六畝、廟下土窑二座，又施錢五仟文。李福安施錢伍仟文。路鴻猷、李福喜，各施錢三千文。李□桂、李守桂、李安桂，侄楚，施錢三千文。李興長施錢二千文。李書菊、李書秀、李攀麟、李福柱、李攀龍、路鴻盛、石生斌、高月昇、李根蜜、韓永金、李興唐、李俊杰，各施錢壹仟□。

社內買寨边地九畝、老虎脚地三畝，連立碑共費錢三十二仟文。四□□□三十畝，每年的備租粟村中大小社均開祭祀，餘下謹糾補修。土地廟後龍虎之山乃爲東西村聚氣之□，祈禱豐年，村安樂，神人有功德之所助也。凡布施人名永不出社錢，有每年租粟費用，情爲□□祭祀，永遠誠敬。合社禁止匪類、賭博、生事、打架、竊取夏麦秋禾，倘有犯者，禀官究治，不得容情；賣法者與犯法者加一等。各宜禀遵，戒之慎之。

后添：孟曰順、曰進、曰寬，侄傳寅、傳升、傳根，善施唐家脚地二畝，計二段，又施米二石，□□內的租并與前言凡事同行。

高曰付、高曰元施米一石五斗。

李攀龍敬書。

玉工王來成。

十九年十二月初八日合社同立。

皇清誥授光祿大夫兵部侍郎兼都察院右

副都御史總督河南山東河道提督軍

務　晉贈太子太保諡恭勤栗公神道

710-1. 栗恭勤公神道碑銘（碑陽）

立石年代：清道光二十年（1840 年）
原石尺寸：高 234 厘米，寬 117 厘米
石存地點：大同市渾源縣栗家墳

皇清誥授光禄大夫，兵部侍郎兼都察院右副都御史，總督河南、山東河道提督軍務，晋贈太子太保諡恭勤栗公神道。

皇清诰授光禄大夫

太子太保兵部侍郎都察院右副都御史总督河南山东河道提督军务加六级

赐进士出身资政大夫前日讲起居注官翰林院侍讲学士加五级南昌彭邦畴撰文

赐进士出身光禄大夫经筵讲官南书房翰林东阁大学士前南书房翰林管理兵部事务加三级仪征阮元篆额

赐进士出身光禄大夫太子太保

道光二十年二月十有八日河东河道总督泉以巡河劳卒致赙恤特从优加太子太保衔

上震悼泉卒轸念河防勤绩其次子荫人辉为进士下部议叙即议上

710-2. 栗恭勤公神道碑銘（碑陰）

立石年代：清道光二十年（1840年）
原石尺寸：高234厘米，寬117厘米
石存地點：大同市渾源縣栗家墳

皇清誥授光禄大夫、太子太保兵部侍郎兼都察院右副都御史總督河南山東河道提督軍務加六級，賜諡恭勤栗公神道碑銘

道光二十年二月十有八日，河東河道總督栗公以巡河勞瘁，致驟疾，薨於河南鄭州行館。事聞，上震悼，奉有持躬端謹，辦事實心之諭。加太子太保銜，賞其次子舉人燿爲進士。下部議恤議，上予諡恭勤，賜祭葬。先是，正月舉行京察大典，公與樞廷同邀議叙，直省大吏惟兩河，臣知上之垂注於疏浚者深矣。次年七月，孤烜等奉公匶歸葬於州城東北之官台原，林少穆督部已銘其藏。茲以墓道之文見屬，余與公爲同歲生。公之治河創拋磚法，曾以書來商榷者再。余爲引申其□，公以爲知言，是不可辭。按狀，公諱毓美，字含輝，號樸園，先世居山西代州繁峙縣，明季被兵，高祖有庫，始遷大同之渾源州，故公爲州人。曾祖英，祖德本，讀書不仕，世有隱德。考渥，廩貢生，候選訓導。妣白氏，□母孫氏，皆以公貴，贈封如例。公生而穎異，年十七補博士弟子員，二十四充嘉慶辛酉科選拔貢生，恭應朝考，以知縣用籤分河南。初補寧陵，再補武陟，若溫縣、原武、孟縣、安陽、河内、西華、淇縣、修武，攝篆八邑，皆有政聲，凡歷親民之官者二十二年。至道光癸未，升光州直隸州知州，越歲即授汝寧府知府，調開封府升河南糧鹽道，調開歸陳許兵備道。庚寅擢湖北按察使，壬辰擢河南布政使，甲午護理河南巡撫，乙未授河東河道總督。綜公宦迹四十年中，惟在湖北兩年，餘與河南相終始。蓋司牧既久，周知利弊，逮履乎其任直舉而措之耳。而自監司以來不十年，晋階極品，亦其素所儲蓄者裕也。且公之治河不自任河督，始其知武陟也，修沁堤，協辦馬營壩，堵合韓村漫口。其轉運也，建三清濟運之議。其任方伯也，適祥符下汛有塌陷處，時撫軍入□，河督河道俱公出，公即率廳員趕築柳壩，護保無虞，應變之才先見於此。而以磚代埽之法，於武陟浚濠及承挑賈魯河時，見遠年舊磚沙泥浸灌，斧鑿不能入，已留意及此矣。天下事可與樂成，難於慮始。方公之創建磚壩也，咸以爲口實，即幹練工員亦不無疑□。公力排浮議試行，悉臻穩固，而論者猶謂爲倖成，恐盛漲時前功盡弃。蓋料販石工無由獲利，爲之騰□於工次，而浸聞於京師，致御史參駁。使者勘臨，曾不能抵其罅隙，不得已以新磚質嫩，暫停燒造爲言。公亦雅，不欲與人争勝，遂合辭入奏。至十八年叠遇險，工磚壩均屹立不動，衆心胥服，而公亦確有把握，乃撼誠具疏，敷陳利害，聖心爲之洞忠，前議始行。夫磚與石無二致也，碎石坦坡之説行之久矣，不知運石遠而磚近，取石難而磚便，購石昂而磚廉，石入水而滑，磚入土而凝，石經時而漸泐，磚歷久而彌堅。且料可架空，而磚之尺寸不能紊，埽可走失，而磚之融結不能移。此其固工節費，亦大彰明較著者，然必持之久而後定，治事之難可勝慨哉！至濟運之法，以浚泉潴水築堤通繰爲要務，而潦不泄水以淹民田，旱不閉閘以妨農事，尤兢兢□□焉。溯自莅任，屢慶安瀾，□費節省至百餘萬之多，宜上之軫念於無窮也。比公歿，而祥工之役興矣。蓋公之立心以誠，任事以勇，體國以忠，愛民以實。雖危疑震撼而不爲之搖，險阻艱難而不爲之奪，及臻厥成晏如也。至其任地方，禮先賢，旌節孝，周士類，恤民隱，嚴保甲，急灾賑，決疑獄，

掩遺□，美不勝書。故公歿後，所至之地咸立專祠，濟寧州則士民與兵丁分建，若欲求庇其所私者，自非人人也，深何由得此？而寧陵附祀呂新吾先生祠，襄城附祀湯文正公祠，則理學名臣一身兼之矣。河南會城西北之張家灣向無工段，公先於附近間築磚壩，歿之前歲。周覽至是，謂將生險，工謀俟春融增築，而公不及待。比祥工漫口，河溜直衝，城幾不保，正危急間，官吏憶前所示方略，因默禱於公，果著靈貺，仍賴舊壩稍殺其勢，城乃獲全。於是萬口同聲，以公爲河神，肖像以祀，且達於聖聽。雖杳冥之説儒者不言，要其聰明正直，而壹生爲英，歿爲靈，亦有功於民，以死勤事之義歟！附表諸墓，俾後之景仰者，知公之體魄在是，而神固周行天下也，懿哉。爲之銘曰：

恒山極天高峨峨，龍泉風虎星駢羅；碣礴積氣鍾靈多，偉人特起扶皇□；寰中巨患陽侯波，□□下棧徒奈何！公奮勇力驅蛟黿，以甓代石無殊科；物窮必變理則那，聞者咋舌惟媷嬰；疏寫終使馮夷和，九重倚畀神護呵；功成廟食民登歌，巫陽下招泉□□；雲車風馬來□河，玉纓□弁□髟髟；靈蚓蜿若綴佛螺，幽宮雖閟光自它；佳城式卜山之阿，豐碑屹峙文不磨。

賜進士出身資政大夫、前日講起居注官、翰林院侍讀學士、加五級南昌彭邦疇撰文；賜進士出身光禄大夫、經筵講官、户部尚書、南書房翰林、軍機大臣加二級、壽陽祁寯藻書丹；賜進士出身光禄大夫、太子太保、予告大學士，前經筵講官、南書房翰林管理兵部事務加三級儀征阮元篆額。

《栗恭勤公神道碑銘（碑陰）》拓片局部

上諭

道光二十年二月二十三日内閣奉

河東河道總督栗毓美持躬端謹辦事實心自擢

任河督以來慎厥修防安瀾奏績本年京察特予交

部議敘河工劇要倚畀方深遽聞溘逝殊堪悼惜著

加恩賞給太子太保銜照總督例賜卹任内一切處

分悉予開復應得卹典該衙門察例具奏伊次子栗

燿加恩賞給進士俟服闋後一體殿試欽此

協辦大學士吏部尚書臣湯金釗敬書

711. 恩旨碑

立石年代：清道光二十年（1840 年）
原石尺寸：高 265 厘米，寬 114 厘米
石存地點：大同市渾源縣栗家墳

道光二十年二月二十三日，內閣奉上諭：

　　河東河道總督栗毓美，持躬端謹，辦事實心。自擢任河督以來，慎厥修防，安瀾奏績。本年京察，特予交部議敘。河工劇要，倚畀方深。遽聞溘逝，殊堪悼惜。著加恩賞給太子太保銜，照總督例賜恤。任內一切處分悉予開復。應得恤典，該衙門察例具奏。伊次子栗耀加恩賞給進士，俟服闋後一體殿試。欽此。

　　協辦大學士吏部尚書臣湯金釗敬書。

水洞碑記

西崖下重開洞口碑

余劉家院村西崖下舊有地頭蔡政後澗底引水澆灌已多平溪足北
有廢洞一孔不知昉自何時雁南遷一洞目嘉慶六年余堂伯金忠
與族祖若生等糾衆開鑿舊碑可徵但歷平久遠澗低洞高水注上渠
不惟血利向築隄之害且旧随之有堂伯之子可卿蓥村人認才等身
膺渠長後從中間穿洞一孔別開渠道約束兩田是業之平
坡者固得灌溉之澗喝高攔者承益阜慎之憂意足舉也誠藏舉也橋
非堂伯堂兄并村人前作後述則崖下可灌之田不將終為石田耶是
為記

太清道光二十年歲次庚之瓜月吉旦

首事人劉

撰并書

全立

712. 西崖下重開洞口碑

立石年代：清道光二十年（1840 年）
原石尺寸：高 96 厘米，寬 43 厘米
石存地點：運城市河津市博物館

〔碑額〕：水洞碑記

西崖下重開洞口碑

余劉家院村西崖下舊有地頃餘畝，從澗底引水澆灌，已多年矣。足北有廢洞一孔，不知昉自何時。惟南邊一洞，自嘉慶六年余堂伯全忠與族祖若丕等糾衆開鑿，舊碑可徵。但歷年久遠，澗低洞高，水不上渠，不惟無利而築堤之害。且曰隨之有堂伯之子可仰暨村人記才等，身膺渠長，復從中間穿洞一孔，別開渠道，約費金二十餘兩。由是地之平坡者，固得灌漑之潤，而高擱者亦無旱暵之憂。噫！是舉也，誠盛舉也。倘非堂伯、堂兄并村人前作後述，則崖下可灌之田，不將終爲石田耶。是爲記。

劉可俊撰并書。

首事人劉曰校、劉作清、劉可仰、劉記才、劉成已、狄徐頓同立。

大清道光二十年歲次庚子瓜月吉旦。

維道光二十年歲次庚子十一月丁亥朔越十三日庚子

皇帝遣山西大同府理事同知、興齡諭祭於晉贈太子太保衛原任河東河道總

督栗毓美之靈曰

朕維河流順軌宜防重匡濟之才海若安瀾疏淪仰懷柔之績皖懋勳庸於冊府

宜施寵錫於泉壚芳薦攸陳榮綸載賁爾晉贈太子太保衛原任河東河道總營

栗毓美東資明幹植品端方始小試於中州疊膺薦剡爰剖符於南豫屢著循聲

荷丹綸絫緒之重申歷翠栢紆薇而疊晉宏材茂煥久邀特達之知水利風諧竹箭

重修防之任嫻渫洫通渠策導源陵澤之功九州厎績風清竹箭考績之

消雪浪於蕩平地固苞桑速雲艫之轉運嘉乃濬川之為倚任維殷當茲考績之

年殊恩載沛方冀永資夫孯畫筆意遂悼夫淪徂類已骨蠋邨典籍襃夫蓋惻

由特恩衡燕示夫殊施爰薦瑚璉式頒玉體限防之重寄欣聞清晏之

朕表利道之薦靈其不昧尚克欽承

太子少保兩廣總督臣祁墳欵事宴之

713. 皇帝遣大同府理事同知興齡諭祭於晉贈太子太保銜原任河東河道總督栗毓美之碑

立石年代：清道光二十年（1840 年）

原石尺寸：高 270 厘米，寬 124 厘米

石存地點：大同市渾源縣栗家墳

維道光二十年歲次庚子十一月丁亥朔越十三日庚子，皇帝遣山西大同府理事同知興齡諭祭於晉贈太子太保銜、原任河東河道總督栗毓美之靈曰：

朕維河流順軌，宜防重匡濟之才，海若安瀾，疏瀹仰懷柔之績。既懋勛庸於冊府，宜施寵錫於泉壚。芳薦攸陳，榮綸載賁。爾晉贈太子太保銜、原任河東河道總督栗毓美，秉資明幹，植品端方。始小試於中州，疊膺薦剡；爰剖符於南豫，屢著循聲。荷丹綸紫綍之重，申歷翠柏紅薇，而疊晉宏材茂焕。久邀特達之知水利，夙諳聿重修防之任，嫻泄滯通渠之法，四瀆安流，策導源陂澤之功。九州底績，風清竹箭，消雪浪於蕩平。地固苞桑，速雲艫之轉運。嘉乃浚川之力，倚任維殷，當茲考績之年，殊恩載沛。方冀永資夫擘畫，豈意遽悼夫淪徂。類已胥蠲，恤典藉褒，夫蓋惻謚由，特錫官銜，兼示夫殊施。爰薦雕筵，式頒玉醴。於戲！膺堤防之重寄，欣聞清宴之休，表利導之殊勛，用展苾芬之薦。靈其不昧，尚克欽承。

太子少保兩廣總督臣祁墳敬書。

延年

龍天廟碑記

予未嘗多覽古史　神之由來幾難測矣然約舉其概所以興雲司雨滋潤百產者
匪神之力何以普天下土圭遂生成願哉當其匀萌甲折亟須雨露之養者時刻
亦云難緩惟　神霈然四布不崇朝而俱渥露足潮淪無除以故雨日時雨日霽雨
極之山聖野叟莫不攝手而概百天其予戰金玉乎天其賜我民命乎大哉
　神功浩蕩難名旺荘阮庇　神休焉敢忘　神報所以玉雁門村舊有
龍天廟一所樂臺一座並無禪房厨竈令村中衆義士公議修理禪房數間火奄一所
天豐小於理如新之碑光人之功德澳然亦新僧如先人之復啟矣所有功德施財
紳首開列於後以這千號不朽云耳
　　　　　　　　　　　　　　　　　張連青撰並書

大清道光二十年歲次庚子穀旦　　立

714. 龍天廟碑記

立石年代：清道光二十年（1840年）

原石尺寸：高116厘米，寬48厘米

石存地點：太原市古交市鎮城底鎮上雁門社區龍天廟

〔碑額〕：延年

龍天廟碑記

予未嘗多覽古史，神之由來幾難測矣。然約舉其概，所以興雲司雨，滋潤百産者，匪神之力，何以普天率土，聿遂生成願哉？當其勾萌甲折，亟須雨露之養者，時刻亦云難緩。惟神甘霖四布，不崇朝而優渥沾足，彌淪無際。以故雨曰時雨，曰靈雨，極之。山童野叟莫不拱手而祝曰："天其予我金玉乎？天其賜我民命乎？"大哉！神功浩蕩難名耳！第□既庇神休者，敢忘神報所以？上雁門村舊有龍天廟一所，樂臺一座，并無禪房、厨竈。今村中衆善士公議，修理禪房數間，火奄一所，大殿亦修理如新，□續先人之功德，焕然亦新，儼如先人之復啓矣。所有功德、施財、糾首，開列於後，以誌千載不朽云耳。

張達□撰并書。

大清道光二十年歲次庚子穀旦立。

715. 普濟民渠誌

立石年代：清道光二十一年（1841 年）
原石尺寸：高 52 厘米，寬 63 厘米
石存地點：呂梁市孝義市古玩市場

普濟民渠誌

道光二十年七月二十日，洪水漲發，曹村武康、趙盛等截水灌地。經本村武生張廷弼、監生張履坦、生員張政、從九張三升等呈控縣案，聲明其非，堂訊未結。旋據親友等監生韓京同生員史賓、王和處從寬免究，兩造是非情形各供在案，無庸聲叙。但處得日後是梧桐村水利，曹村人等不得引水灌地。如有私行霸水者，許水主指名告發。各等因具結在卷。第事關案件，恐久難考略，記其事以備查核，後有作者亦將有感於斯。

大清道光二十一年五月初一日立。

清（四）

716. 霍郡峪裡村水利原委碑記

立石年代：清道光二十一年（1841 年）
原石尺寸：高 70 厘米，寬 147 厘米
石存地點：臨汾市霍州市李曹鎮峪裏村

〔碑額〕：善□成規

霍郡峪裡村水利原委碑記

竊維澤山爲咸，水山爲蹇，山澤通氣，近山之地所以有水利也。霍山，闔州瞻仰。峪裡村地倚山麓，人居峪口。峪之後，由魏家壟、侯家庄至三眼窑，蜿蜒激湍，水泉一路不絶，分出合流，石鼻、范村、北侯、靳壁諸村同水利焉。有水利即不能無水規，水規之由来遠矣。余閱纂修所載：前元至正元年，靳壁、北侯、范村、石鼻四村立約分水，其水十二日一輪，各依各分溝次、日数、時辰使用。靳壁、北侯爲下園，使水六日六夜；石鼻、范村爲上園，使水六日六夜。每年四月初一日起，八月初一日止，後属乱溝，取便澆灌。至於偷水科罰、牛羊食用、備物賽堰一切章程，紀載紛紜，笔不勝述。有明嘉靖三十年，靳壁村與石鼻、范村因水涉訟，經巡按御史吉公斷：將四月初一日分溝改爲二月初一，其餘悉照舊規。峪裡村古與石鼻同社，輪流灌地，通共四日四夜。自峪裡、石鼻分社，四晝夜中峪裡該分水一夜半日，自酉時接溝至次日巳時交番，□水利八時。萬曆三十九年，石鼻張受、李蛟等時分未至用强霸水，我劉氏先人一銘與張引具控，經官斷定照前規巳時接水，隨差省祭官陰陽生原皂等拿定南針在龍王廟前大石上審定時分，着石匠鐫痕，安針對痕，永爲交溝記驗。國朝康熙五十四年，范村與石鼻争水，官斷將石鼻水撥於范村一夜，石鼻與峪裡重分使水，時辰更八時爲五時，自巳時針影到痕截□至酉時日落盡而止。此水規□原委。而自巳至酉又國初至今，注明纂修沿而不易者也。但社有纂修，村無碑誌，歷年既久易至失迷，何□昭示來兹？辛丑歲，村人暨歷年香總等慮及於此，延余爲文。余自先世食□是村，義不可辭，而香總等遠慮之心又不可没。於是查本社之纂修，稽官衙之案□，□其大要而集録之，則是文非余之文，猶是自古以來之纂修也，浚之人庶一覽而不迷也乎。是爲記。

717. 重修瓦子坪龍天神祠碑記

立石年代：清道光二十二年（1842 年）

原石尺寸：高 170 厘米，寬 71 厘米

石存地點：晉中市榆次區

〔碑額〕：永垂不朽

重修瓦子坪龍天神祠碑記

我國家承平以來已二百春秋矣，山陬□壤得以享無事之福，以康樂於庇佑之餘者，盖神之福民者至，而民之報神者不得不殷也。則凡琳宮廣建，□宇重葺，詎細故哉？壽陽瓦子坪隸邑之西南鄙，民居寥寥，舊有龍天神祠，廟僅一楹，規模狹隘，而且風雨剝蝕，歲久傾圮。里人惻然，謀諸堪輿，僉議而更張之。□爭輪遠募，諏吉鳩工。堂制仍其舊而增以二楹，繚以周垣，□於村之西南復建照壁，一以藏風聚氣，一以祈報神庥。功始於春二月，落成於冬十月，約費二百餘金。告竣，首事者囑余爲記。余曰："盖一舉而二善備也，自唱茲勝舉，始終無廢事，此固聖之德化有以感之，亦足見其俗尚敦龐，好善有同志也夫！"是爲記。

太原府儒学生員孫璇謹撰并書丹。

經理糾首（布施碑文漫漶不清，略而不錄）

大清道光廿二年歲次壬寅黄鍾之月穀旦。

718. 後溝渠重立水例碑序

立石年代：清道光二十二年（1842 年）

原石尺寸：高 113 厘米，寬 55 厘米

石存地點：臨汾市洪洞縣趙城鎮後溝村

〔碑額〕：永誌不朽

後溝渠重立水例碑序

從來源之遠者流必長，沼之久者利自溥，即如後溝渠源出於滴水壁下，其水經過焦家原前。其制始於萬曆四十八年，共灌水地壹百一十七畝。村人定爲上節、中節、下節，二十八日輪流澆灌作爲一周。此規相沿已久，不容或紊。而水之爲利也，自普美利於無言。嘉慶十五年六月間，仇池村張其麟等截水盜灌旱地，被渠掌高夢魁、牛近半等告發。蒙區天鈞斷，永不許截水盜灌。案件炳據，迄今三十餘年無人敢犯成規。越道光二十一年，仇池村馬敬業等又捏渠賴水告發。至次年四月，經李天鈞斷，伊等不得以南河裡之名號，争後溝渠發源之水，永不許圖賴。有案可考。此皆渠□高鳴鳳、李金明、高三益等控告之力也。爰勒諸石，俾後之庸渠掌、有地畝者，知□來由，食利無窮。是爲序。

邑生員盧兆□書。

後溝村合渠人□公立。

道光二十二年四月。

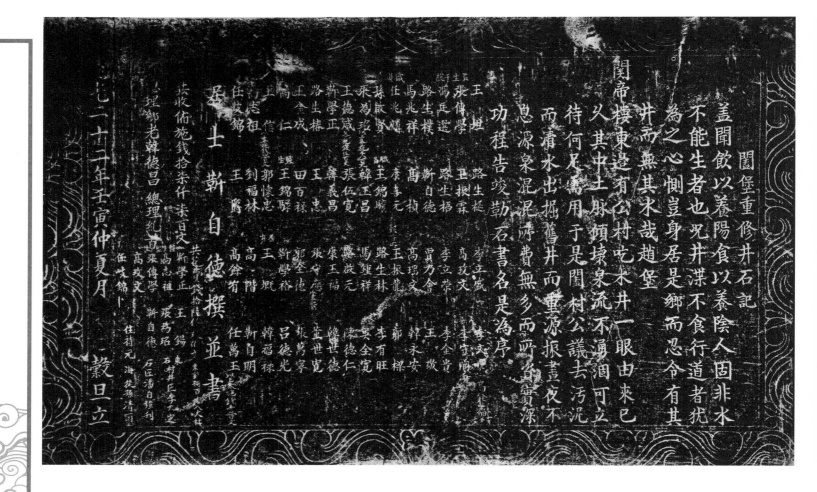

719. 闔堡重修井石記

立石年代：清道光二十二年（1842年）

原石尺寸：高48厘米，寬77厘米

石存地點：呂梁市汾陽市三泉鎮趙家堡村關帝廟

闔堡重修井石記

盖聞飲以養陽，食以養陰。人固非水不能生者也，況井渫不食，行道者猶爲之心惻，豈身居是鄉，而忍令有其井而無其水哉？趙堡關帝樓東邊有公村吃水井一眼，由來已久。其中土脉傾壞，泉流不涌，涸可立待，何足需用。于是闔村公議，去污泥而清水出，掘舊井而重源振。晝夜不息，源泉混混，所費無多而所資實深。功程告竣，勒石書名。是爲序。

居士靳自德撰并書。

王坦、監生張傳學、千總馮廷選、路生樸、馬兆祥、職員任兆麟、孫啟賢、張為玿，以上各施錢八百文。王德威各施錢伍百文。靳學正、路生椿、王金成、高仁、王信，以上各施錢四百文。高志祖、任岐錦、路生梃、王振霖、路生梧、靳自德、高楨、康喜元、王錦驤，施錢三百文。職員王錦駿、韓玉昌、張伍寬、韓義昌、王忠、田百禄、監生王錦騄、郭懷忠、劉福林、王爵、李立盛、高玫文、李立榮、賈乃會、高瑤文、王振龍、路生林、馬鍾祥、路啟元、康玉福、張守應，以上各施錢貳百文。郭全德、靳學裕、□賓王溉、高階、高餘有、李文□、李守□、李金貴、王敬、韓永安、郭樑、李有旺、吳全寬、陳德仁、韓世德、董世寬、張萬寧、呂德光、韓福禄、靳自明、任萬玉、高□福，以上各施錢壹百文。共收布施錢拾柒仟柒百文，共花費錢拾陸仟玖百文，餘錢捌百文入大社。

總理鄉老韓德昌。

總理糾首：監生張傳學、監生高志祖、高玫文、靳學正、任岐錦、王錫、張爲玿、靳自德。

東石村井匠李九定，石匠潘自强刊。

住持元海，徒孫清璽。

道光二十二年壬寅仲夏月穀旦立。

720. 重修碑記

立石年代：清道光二十二年（1842 年）
原石尺寸：高 153 厘米，寬 62 厘米
石存地點：臨汾市永和縣南莊鄉北河路村龍王廟

〔碑額〕：流芳百世　　日　月

重修碑記

嘗思廟以妥神，神以佑人，而人則敬事乎神者也，況九天聖母、龍王行宮，尤爲人世所資生，民生所永賴者乎？永邑西，北河路村□有龍王廟一所，創自萬曆年間，迄今年遠日久，風雨飄搖，墻壁行將剝落，地基幾近□頹。村中人目擊心悸，勃然奮□□□□□，東建聖母庵、龍王宮，西作歌舞樓、會義亭，不數年而功程告竣。廟貌輝煌，此維村中人努力經理，實四方仁人君子樂施□□□□也。但恐遲延日久，失忽姓氏，因而勒石刻碑，著列芳名，爲今世樂輸者勸，更爲後世永□不朽云爾。

總理事糾首：功德主白瑞施銀壹拾柒兩，書。

功德主穆水清施銀壹兩、施地一塊，白良義施銀玖兩、施地一塊，白俊寶施銀叁兩貳錢，白俊偉施銀肆兩肆錢，功德主白志學施銀貳拾貳兩，白志聖施銀拾兩、施地一塊，白瑛施銀貳兩，白俊修施銀壹兩一錢五分，白良有施銀□兩，白萬施銀陸錢，白俊貴施銀伍錢，白艮佐施銀伍錢，楊文元施銀伍錢。

窯匠……木匠：□武財。畫匠：姚萬年、郭□。石匠：李郝得。

時道光歲次壬寅年菊月誌。

清（四）

1567

721. 成湯廟修整殿宇及添修廟中房屋間數碑記

立石年代：清道光二十二年（1842年）

原石尺寸：高258厘米，寬84厘米

石存地點：晉城市陽城縣鳳城鎮劉莊村成湯廟

〔碑額〕：重修碑記

成湯廟修整殿宇及添修廟□房屋間數碑記

吾邑專祀成湯神於析城山，主雨澤也。故各里俱爲立廟，以便祈年。惟村落有大小，時勢有變遷，規模有廣狹，故有基址立而漸致頹圮者，有初限□□形而不及成局者，率由□□經心□祀□耳。誠能黽勉振興，庸以莊□其廟貌，既可土妥神靈，亦足以壯一方形勢。城南劉家腰村舊有湯廟，肇始無稽，惟于嘉□二十一年有重新舞樓之□，道光五年有重修大殿之紀，至殿側東庭三間則道光十二年所創建□，餘皆荒略未備。夫廟中必有住持以司香火，社衆以參朔望，比逢大祭，贊享祝□之所，群□與大牲牢□皿之所度陳，均不可不敞其局，以供職事也。顧工非資財不興，財非經營不贍，目今宰社者爲張君泌、王君日泰、田君敦庫、栗君憲四人，一以工程爲己□，自道光□八年接事後，即倡衆捐輸，以□公項。又□舉督工首事張□漁、王君日和、原君丕昌、栗君日增，經理錢糧，營運生息，至道光二十一年積有贏餘。□於十月興工，建西庭三間，便與東庭相配，又於下院建禪房、看樓上下六間，西南角房上下六間。更換舞樓脊獸，蓋吾陽土俗。凡遇獻戲賽神，皆許婦女入廟焚香。恐殿庭□擠，故俾□升樓停止，以肅禮儀，亦廟制所恒有也。制既備，復以餘資修整廟外西偏，開拓道路，以便來往，規畫靡不周矣。工葳，于是歲之梅月，其宗理之工與捐輸□衆俱不可泯也，合爲勒石誌之。

　　敕授文林郎國史館議叙知縣借補汾陽縣儒學教諭加一級紀錄二次邑人宋裕謹撰，賜進士出身誥授奉政大夫江南道監察御史稽察戶部事務□翰林院檢討國史館纂修己亥庚子兩科順天鄉試同考官加三級紀錄□次邑人王通昭沐手書。

　　（以下施錢人名碑文略而不錄）

總理社長：田敦庫、張涌泉、王日泰、栗憲。

總理錢糧督工首事：原培昌、張漁、王日和、栗日增。

住持：界空。

時大清道光二十二年歲次壬寅孟冬吉旦合社□□。

722. 北霍渠碣記

立石年代：清道光二十二年（1842 年）
原石尺寸：高 45 厘米，寬 50 厘米
石存地點：臨汾市洪洞縣廣勝寺

北霍渠碣記

霍麓有渠由來久矣。是年齋禮，公舉予爲渠長。予素無□事之才，又乏覓人之資，不勝惶愧，奈以義不容辭，□□是役。□□靈保佑，灌溉合時，愛予者謂予之功苦所致，而予實以爲□應王之神誠有靈也。茲因建立磨房之故，李嘉茂施錢三十千、高鳴鶯施錢十五千、李提元施錢三十千。既有此錢，應□公事。予思燕家溝、麻子堰二處，渠壟往往被人挖掘，功程浩大，爲□不小，是必有看守之人，方可永保無虞。因約同合渠溝頭，將此項錢買水地二畝五分，即以是地付之看渠之人，令其時刻巡守，不至損壞。則不特有益於當時，亦不至貽害於後世。予爲是記，非自以爲功也，但恐後之人忘其來歷，而不能整飭，因誌之以備查考。

買地花錢五十七千五百文，稅契□糧用錢四千二百文。本年□人看守用錢五千文，其餘係合渠人公用。

合渠溝頭（以下六十人芳名略而不録）

渠長劉得榮，渠司段正泰，水巡趙永清。

三坊：郭含青、申德昌、高存讓。

道光二十二年十一月吉日立。

723. 議舉水官規制碑記

立石年代：清道光二十三年（1843 年）

原石尺寸：高 200 厘米，寬 70 厘米

石存地點：晉城市澤州縣晉廟鋪鎮石槽村雲峰寺

〔碑額〕：帝德寬仁

古者，自大夫以下，成群立社曰置社，則招賢管在昔紏合三十六社、□十八村爲一社，以祀成湯上帝諸神，其以桑林禱雨，更有澤於農事。故祀事立久而彌新，抑置社之遺歟？但村社各有大小，而社規制有一定。每應一水官，爲時久而用支宏。彼村社大者，居民富足者，恒多可以優爲；若村社如我石槽者，往往難之。因皆懼□水官，故可應之家，有先事而憂者、既事而怨結不解者。匪今斯今，振古如茲。無可如何。及永順劉君當報水官之時，心難其事，因與衆商議，共謂：聞外社有積蓄錢粮、議舉水官之説，曷效其轍？遂議舉七家公辦錢項，名爲湯帝會一局，時嘉慶十一年九月二十日也。定制之後，七家公同經營生息，以爲水官奉神之費。積蓄數年，除每年花費以外，所餘錢項置地十畝有零。不意事久弊滋。至道光十二年二月間，公同商議，遂將其地施入社中，作爲水官祭田。自此以往，凡報一水官，按八年爲□舊水官同社首秉公舉名。舊辞新接，新水官貼錢十千文社中辦事，再公舉助理四人經營錢粮，贊襄其事。至於任事，仍屬水官一人。此所謂一人承祭，群相助祭者也。至二十三年，又慮資費不給，大社又撥錢叄拾仟文，東社撥錢柒仟文，西社撥錢柒仟文，與新水官所出之錢四，共錢伍拾肆仟文，與祭田均爲生息。止許花利，利倘不給，大社微補，每至鋪壇以畢，一爲清整。水官之累不由此□乎？然水官之累雖免，而村中鄉約一年一換，道臨通衢，差務繁多，□累尤大，凡應一鄉約，鮮有不怨始而怨終也。今於大社□積錢粮之内，每年撥出錢伍仟文，小米五官斗，以備執年鄉約之費，則鄉約亦任事無憂，未有不踴躍當前矣。《書》有云："惟事事，乃有其備。"又曰："有備無患。"誠哉是言也！至於管上神事，與每年駕臨本廟以及本廟各神事，本社各舊制一切條規存於賬簿。是爲序。

邑庠生梁維賢撰文。

一、計開置到南坡地四畝，南□□地三畝，□坡地□畝五分。

一、議定新水官出錢拾伍錢□分，□□定二月初一日交納社中。

一、□定舊水官鋪壇以□本年九月初一日□□，助理人將地土村社首交□新水官與新助。理人當理至於……年正月十五日□□□□□，不交者罰小米一石，入社公用。

一、議定大社貼執年鄉約公粮按□□交□□□□五百文錢五千□九月初一日□米五千。

公執水官：張福重、李遐齡、張大順、梁朝富、張福運、張世禄、劉加有（外施穀□地一畝五分）。

社首：李遐齡、劉大儒、張永聚、劉加年、梁萬通、劉茂月。

經理人：張福□、劉大□、梁維新、張天玉、劉加安、張世□、李□名、劉繼倉。

玉工王子旺。

住持長老大祥。

大清道光二十三年三月十五日立石。

流芳

大清道光式拾叁年歲次癸卯仲夏吉旦立

724. 重修龍王三聖廟捐助碑

立石年代：清道光二十三年（1843年）
原石尺寸：高98厘米，寬55厘米
石存地點：臨汾市蒲縣薛關鎮姜家峪村龍王三聖廟遺址

〔碑額〕：流芳

安針平合村施銀壹兩貳錢，辛庄合村施銀□錢，南合村合村施銀伍錢，下言宿合村施銀壹兩貳錢，南溝村合村施銀壹兩陸錢，水針村合村施銀捌錢，堡子村合村施銀貳兩，盧思瑤募化銀貳兩，木家庄合村貳錢，陳居禹募化銀壹兩柒錢。

本村姓名：盧津一兩二錢，盧淵一兩二錢，盧思玖捐銀陸兩、募化銀貳兩壹錢，盧思琳捐銀伍兩伍錢，牛進美捐銀伍兩、募化銀捌兩叁錢，盧潭捐銀貳兩貳錢、募化銀一兩貳錢，牛進賢捐銀貳兩、牛進瀛捐銀貳兩，盧浩捐銀貳兩伍錢、募化銀玖錢，韓得富捐銀貳兩、募化銀玖錢，盧沺捐銀壹兩、募化銀伍錢，景保有捐銀叁兩、募化銀貳兩肆錢。賈安本貳錢五分，曹祥貳錢五分。馬長有、閆汝栒、宋秉貢、馬如宝、附生張清賓、閆汝梅、武在有、王明積、張清選、武富賓、閆汝彬、冀祥雲、王富有、曹伯錫、閆克順、王復昌、曹思忠、閆克讓、王嘉川、曹思恭、閆克興、張悅、曹克太、閆汝桐、高秀英、曹克隆、武廷貴、曹淋、喬興忠、曹鶴齡、王科順、曹崇德、李倉庫、張殿、刘長孝、梅義、武全富、刘□財、刘萬福、賈萬富、張會、刘永太、聶福元、許學賢、王銀、張旺、聶永耀、刘思康、孔宝順、丁萬福、孟忠選、刘洪忠、許學福、張起鳳、刘學通、梁法有、刘成魁、陳希文、刘思俊、賈存信、張大林、曹玉成、武生張型、王補、楊洪林、王如龍、刘成滿、馮敬、梁法浩、張洪義、解滿班、李大賢、梁有倉、解天順，以上各貳錢。喬光先、許清源、張得福、曹智、王寒食、刘全本、王槐枝、金登輝、刘玉山、王繼全、楊復金、曹位林、楊復始、曹伸、楊復榮、郭思順、于得銀、郭思亮，以上各一錢五分。霍有德、喬英俊、郭生福、郭生禄、蘇克林、蘇克順、楊復盛、楊恒年、卜忠榮、卜寅鎖、張天禄、曹濚、史廷賓，以上各一錢。郭□有、陳廷富、郭□宝、刘永基、刘永貴、刘永魁，以上各一錢五分。賀繼有、趙世□、張武才、趙萬□，以上各一錢貳分。王林花二錢，張福捐銀三兩、化銀一兩六錢，陳智捐銀三兩、化銀一兩七錢，王存有捐銀二兩伍錢，陳義捐銀二兩二錢，盧思長捐銀一兩三錢，牛進忠捐錢一兩二錢，盧清捐銀一兩一錢、化銀一兩，楊復智捐錢一兩四錢、化銀二兩，楊復義捐銀一兩一錢、化銀一兩五錢，盧涌捐銀一兩，郭建基捐銀九錢，王鳳山捐銀八錢，牛璸捐銀六錢，盛濩捐銀二錢。盧思富舍地基一塊，牛進福舍地基一塊，牛進斗舍地基一塊，盧思琳舍地基一塊，牛進忠舍地基一塊，盧浩舍地基一塊。盧思琳舍樹七株，牛進斗舍樹四株，盧沂舍樹三株，牛進福舍樹二株，牛進忠舍樹三株，盧源舍樹三株，盧□捨樹三株，盧潤舍樹二株，盧濼舍樹二株。

大清道光貳拾叁年歲次癸卯仲夏吉日立。

725. 闉街新造公井誌石

立石年代：清道光二十三年（1843 年）
原石尺寸：高 50 厘米，寬 63 厘米
石存地點：呂梁市汾陽市杏花村鎮西堡村

闉街新造公井誌石

聞之《易》巽乎水，而上水曰井，已固養而不窮者，安可忽乎哉？茂林庄素無公井，借汲於前街者有年矣。夫乞鄰而取水，無如鑿井公飲之爲便，且可貽益於數世。街長慮及於此，集衆同議，僉曰唯唯。所費者小，所益者大，何樂而不爲？於是命工穿井以及泉，工程不日而告竣。諸公之好義樂施，可不勒石以垂久遠乎？是爲記。捐資人名開後：

閆生泰施錢貳千文；太學生任兆慶施錢一千五佰文；王守先施錢一千五佰文；尤大璋施錢一千貳佰文；閆顯倫、閆爾琯、王宰傳、王賜傳、王邦治、王佶傳、王可共、王懷喜、王步蟾、邑庠生古國瑞、王步安、魏光祚、武金寶、王國霖，以上各施錢七千文；王昇施紅石井口一個；任成文、武吉慶、趙萬選、霍貴欽、郭耀汾，以上各施錢六佰文；王魁儒、王玉麟、陶國正、孫林、李開先，以上各施錢伍佰文；郭寶施錢四佰文；王再思、王仲傳、王步洙，以上各施錢叁佰文；張喜元、陶恩、楊海琅、郭貴、任清泉，以上各施錢叁佰文；王寶傳、王王氏、李天義、閆永忠、閆仁忠、李茂林、王天福、武成喜，以上各施錢貳佰文。

邑庠生古國瑞書丹并撰。

經理人：王守先、王宰傳、王賜傳、王懷喜、魏光祚、古國瑞、任兆慶、王步安，同誌。

大清道光貳拾叁年申月公立。

重修白沙村北埝碑記

城南白沙河之水山水也恒時無涓滴之流水俗則緣道邊谷……
十五年七八月間秋雨連旬地淹沒我街大險……口二十丈……
所遂諭令生員蘇蘗林解元張連庭生員樊推一盖余等……
董攤鳩工於是年秋次第修築……丁酉春三月吉……
印附近田園所……謂合水勢廣大處遠……而曾在今茲……
仁侯勤恤民隱之心而亦……君子樂施之美意也是為記
……

經理人
蘇蘗林

董化人
張川

督工人
張維成
張維城

收錢人
張遂昌
張守基
蘇進忠
央金和

住持郭合雲

道光二十三年歲次癸卯九月吉旦

726. 重修白沙河北堰碑記

立石年代：清道光二十三年（1843年）

原石尺寸：高185厘米，寬69厘米

石存地點：運城市夏縣瑤峰鎮南關村橋下街三官廟

重修白沙河北堰碑記

城南白沙河之水，山水也，恒時無涓滴之流，水發則諸峪迸趨，勢殊猛驟，漂沙礐石，駭浪雷奔。日久河道淤高，堰身矮薄，誌載水患不一，而足職此之由。道光十五年七八月間，秋雨連旬，地潮泛溢，我街大險灣東西等處決口二十丈，披累約二百丈，居民驚惶失措。我仁侯王父台履堪形勢，挑浚下游。俾水有所泄，諭令生員蘇燕林、解元張連彪、生員樊惟一并余等搶禦險要，再幫寬加高以資鞏固。俯念經費維艱，首先捐廉，復出示多方勸諭。維時商賈伙助，戶口量攤，鳩工於是年秋，次第修築。越丁酉春三月告竣，共費銀壹千有零。堅厚屹然，較舊堰加高三尺，寬五尺，外砌灰石。年來山水頻沖，幸無坍塌。匪徒本街□，即附近田廬胥利賴之。竊念水勢靡常，達人慮遠，綢繆未雨，實在今茲。於是首人議將本街租銀每年除公用同中開銷外，餘銀存放生息，以備歲修。詢謀□同，定爲條約。夫泰山不讓土壤，故能成其大。日計不足，月計有餘。嗣後我等實心經理，永無變更。捍灾禦患，修舉廢墜，事豫此日，效觀百年。是則仰體我仁侯勤□民隱之心，而亦無負諸君子樂施之美意也。是爲記。

邑庠生員張甡撰并書。

募化經理人：生員張甡、耆賓張剛、生員蘇燕林、生員樊惟一、解元張連彪、生員張珏、張呈祥、監生張尚恕、蘇晋啓、武生張連捷。

督工人：張尚忠、張維藩、張□、張盛、監生蘇友信、温長林、樊登文、蘇晋泰、張維城、監生樊雲彩、張維精、温起龍。

收錢人：張運昌、張守基、武生秦穎悟、蘇進忠、張金鍋、劉紹雲、張如愚。

住持：郭合雲。

道光二十三年歲次癸卯九月吉旦。

727. 新建甜水井嵌石記

立石年代：清道光二十三年（1843年）
原石尺寸：高43厘米，寬69厘米
石存地點：呂梁市汾陽市三泉鎮任家堡村

新建甜水井嵌石記

盖聞水者，人之命也，亦賴以生□，一日不可無也。数年□□村□惟水甚缺，□人苦□□，於今夏四五月缺之□矣。有社首□善慶、任世和等與衆公同酌議，□欲另穿一眼，以救□命。□曰可也，如村中有空□□□□可。第想惟西以外□□東□寓有社空地可穿也。□擇□□□□日即爲興工，□以□圍之内，盖有廠□以修□□，不兩月而工成矣。此事治於□難了記云爾。至所□費□項捐資信士開列於後：

一宗、穿井使錢叁拾壹千伍佰文。

一宗、淘井拉花車、拉駝磚瓦共工錢貳拾叁千壹佰柒拾文。

一宗、新舊磚瓦共使錢拾陸千八佰叁拾文。

一宗、石灰四拾四担，砂石、嵌石，共使錢八千四佰文。

一宗、一概木料、鐵器、木泥匠工共使錢貳拾八千伍佰文。

一宗、麻繩、□担、央杆、席則共使錢伍千柒佰柒拾文。

一宗、請香紙□□共使錢叁仟伍佰伍拾文。

以上總共花費錢壹佰壹拾肆仟柒佰貳拾文，共收衆布施錢叁拾柒千貳佰文。以上除收之外，净短錢柒拾柒千伍佰貳拾文，大社如數補清。

李有德施錢叁千文，任善慶施錢貳千文，任述槐施錢貳千文，任士□施錢貳千文，任世泰施錢壹仟六佰文，任□槐施錢壹仟貳佰文，任仕琦施錢壹仟貳佰文，任彩麟施錢壹千文，任馥蘭施錢壹千文，任士瑛施錢壹千文，任士亨施錢壹千文，任士貞施錢壹千文，任吉圖施錢壹千文，任維貴施錢壹千文，寧遠堂施錢壹千文，王紹濂施錢壹千文，王□德施錢壹千文，程德義施錢壹千文，張成施錢壹千文，馬玉龍施錢壹千文，路俊英施錢八佰文，任紹□施錢六佰文，王保德施錢六佰文，王□德施錢六佰文，任善慶施錢五佰文，任□□施錢五佰文，任科□施錢五佰文，任昌□施錢五佰文，杜天成施錢五佰文，任頭鳳施錢五佰文，任顯邦施錢四佰文，任顯武施錢四佰文，任永富施錢四佰文，任世明施錢四佰文，魏開元施錢四佰文，任可興施錢叁佰文，任可明施錢叁佰文，任□茂施錢叁佰文，任□□施錢叁佰文，田□泰施錢叁佰文，□治平施錢叁佰文，任連施錢叁佰文，劉□□施錢叁佰文，□□施錢叁佰文，王福□施錢叁佰文，任敦因施錢貳佰文，任□裕施錢貳佰文，田有□施錢貳佰文。

道光貳拾叁年拾月拾六吉日穀旦立。

重修康澤王龍母神殿亭

汾水之西南有

龍子祠其中為

康澤王宮後為

龍母神殿曲隆祀肆恩普臨寨廟貌壯其巍峩我精靈通于盼蟄丁亥歲

太守王灃亭先生倡修之樣人鳩工勵人施堊焕然一新薊之流全倐而阮歲事答

酒舄春初之早莃駕靈稅之細鱗水環山碧稻則平水之住景此馬稱最邑人之莫王亦文詞客踏青

之夏復靈雨連旬於既傷於山後又見其根崩因謀同事共深浩嘆謂脩葺之宜殿聚梓材而

踵于前事未聚增華扶大厦於阮字壯其輝光廊簷補其漏妥於一旬餘日人興

神靈之得所施川巌而勤垣塘介景福之偏安門宇壯其輝光廊簷補其漏妥木興酒醴漐性枠於

神錢經費乎二百千奇河分南堯正院故遶廟祝而告之曰甫其氾柿之拂拭之全將倫酒醴漐性枠於

御德惠田疇高歌箒車也是為序

例授徵仕郎候選直隸州州判丁酉科拔貢李繩祖撰

邑人增廣生員常聚五書

大清道光貳拾叁年歲次癸卯拾月吉日

728. 重修康澤王龍母神殿序

立石年代：清道光二十三年（1843年）

原石尺寸：高193厘米，寬89厘米

石存地點：臨汾市堯都區金殿鎮龍祠村龍子祠

重修康澤王龍母神殿序

汾水之西南有龍子祠，其中爲康澤王宮，後爲龍母神殿，典隆祀肆，恩普臨襄。廟貌壯其巍峨，精靈通乎肹蠁。丁亥歲，太守王鶴亭先生倡修之，梓人鳩工，黝人施堊，煥然一新，蔚然大備。既蕆事，答神既荷生成焉。自兹禱沛甘霖，駕稅靈雨。蒸然暑至，忘炎景之流金；倏爾風來，擬環珮之夏玉。亦或詞客踏青，騷□□酒，剪春初之早韭，釣亭外之細鱗。水環山碧，稻供秋粳，則平水之佳景，此爲稱最，邑人之獲福於兹獨厚矣。□□春大風拔木，夏復霪雨連旬，前既傷於棟折，後又見其榱崩，因謀同事，共深浩嘆，謂修葺之宜殷，聚梓材而□□。踵乎前事，未敢增華。扶大廈於既傾，幸一隅之偏安。門宇壯其輝光，廊檐補其滲漏。妥神靈之得所，施丹腹而勤垣墉；介景福之無疆，出醴泉而降膏露。爰勒貞珉，共臚姓氏。土木興於三旬餘日，人樂□□；錢緡費乎二百千奇，河分南北。工既竣，進廟祝而告之曰："爾其泛掃之拂拭之。今將備酒醴，潔牲牷，於以荷神庥，報神德，惠田疇而歌籌車也。"是爲序。

例授征仕郎候選直隸州州判丁酉科拔貢李繩祖撰，邑人增廣生員常聚五書。

大清道光貳拾叁年歲次癸卯拾月吉日□。

重修廟宇碑記

729. 重修廟宇碑記

立石年代：清道光二十四年（1844 年）

原石尺寸：高 58 厘米，寬 76 厘米

石存地點：運城市稷山縣化峪鎮南位村

重修廟宇碑記

觀音堂古有燈盞官銀，傳流已久。至道光辛丑春，官錢浩大，难以營運。合社商議，折官錢伍十九千六百文，重修庙宇，補塑神像，彩飾金身。開光之日，官錢不足，量力施財，敬借俳優，答报神靈。壬寅夏六月，井水不給，排門淘井，下困折使布帳銀伍兩二錢三分。甘泉涌出，人皆用之不窮矣。恐後無傳，因刻石以記其事。

首事施銀人：皇恩薛居良一兩，牛守儉伍錢，增生刘占元六錢伍分，彭振河七錢伍分，王長春一錢，牛遷隅伍錢，何茂元二錢伍分，王滿喜伍錢，賈喜元一錢，刘尚忠伍錢。

施銀人：刘尚志伍錢，王德新伍錢，王德普四錢。薛鋃、刘登元、王之玉、刘化浹、賈喜隆、王德明，以上各二錢伍分。崔創家、何美元、牛建平、賈上喜，以上各一錢伍分。薛占雄、王之善、牛頂柱，以上各一錢。牛守上、薛居敬、刘武元、薛鎰、何三元、牛建邦、薛鎮、彭振泗、刘梯元、何孝義、刘行見、刘欽元、刘尚本、刘尚義，以上各五分。刘体元三分，王吳氏伍分，牛廣臣四錢伍分。共施銀十兩三錢八分。

大清道光二十四年歲次甲辰正月吉旦立。

清（四）

730. 創修碑記

立石年代：清道光二十四年（1844 年）
原石尺寸：高 177 厘米，寬 70.5 厘米
石存地點：晋城市陽城縣町店鎮中峪村成湯廟

〔碑額〕創修碑記

從來功業之興創始難，而鄉隅僻壤之區爲尤難，倘非有經營締造之才，負慷慨有爲之志，不足以成厥功。前峪溝白家莊者，僻處偏隅，去城三十里，室不過十，人不滿百，而皆以力田爲務。惟社廟久缺，每於春祈秋報，無以肅昭格而□□香，誠有不慊於心者。興旺白君，本莊之好善人也，莊人咸與之謀曰："遠近村莊各有社廟而吾莊獨缺，其何以堪？惟公其圖之。"公曰："善哉此舉！吾久有此志而未之逮也。"遂與全湖白君、興泰白君、興順白君等同心協力，倡議興修。因以龍王會所余錢糧十千有奇，作爲積累之基。自道光元年，每年秋夏按地畝捐穀與麥，營運十年，其利十倍不止。時值道光辛卯仲春，僉曰："是工可以興矣！"於是卜地擇吉，鳩工庀材。建修正殿三楹，繪成湯神像，蓋以三時稼穡以資雨澤，神曾禱雨于桑林，兆民賴之也。又修東耳殿三楹，塑關聖帝君神像，大抵以神忠義，千古人所瞻仰蒙庇者也。西耳殿三楹，塑高□神像，凡求婚姻子嗣者可於□而請禱焉。其南面建舞樓一座，庶幾歌舞聖德而神聽和平也。舞樓東西修平房六間以爲住持居息之地，上皆加樓以貯什物祭器，安大門于兌方。兌屬乎金，金□於秋，萬物之所悅也，蓋取悅言乎，兌之義□。工至此，錢糧不繼，因暫行停止。時壬辰季秋也，諸公猶不憚勤勞，復積貯數年經營，運籌於戊□之冬興工。修拜殿一座，又修上東殿一所，塑四聖神像，以農人飼養六畜，蒙神保護□。修上西殿一所，塑財神像，以神職司福禄，爲民錫祉降祥也。□於東西殿下邊修東西平房兩所，上加看樓以爲同社會集之處，於己亥秋告竣。蓋興工兩次而始獲成功焉。功□成，則見夫廟貌輝煌，殿宇宏□，內外前後罔弗盡美而可觀。莊人囑余爲記。余惟彈丸僻壤而能成此大功□乎，其有經營締造之才，負慷慨有爲之志矣。莊人咸歸美于興旺白君。餘曰："唯唯。然非諸善人共相贊勤，亦未能如是之易易也！"遂頌其功而樂爲之記。

邑庠生閆華山沐手敬撰，受業門人白九齡謹書。

（功德人員芳名略而不録）

撥工飯人：白瓚、白明玉、白純齡。總領社首：白興泰、白興旺、白全湖、白興順。執年社首：白興順、白永泉。

玉工：張鋭中。

時大清道光二十四年歲次甲辰仲春吉旦。

皇帝

大清道光二十三年重修碑記二十四年五月立

731. 重修龍王廟碑

立石年代：清道光二十四年（1844 年）
原石尺寸：高 138 厘米，寬 52 厘米
石存地點：太原市古交市東曲街道許家山村五龍廟

〔碑額〕：皇帝

盖聞神之爲德，其盛矣乎！今陽邑大川都許家山村，舊有龍王廟一所，不知建於何帝，創於何年。遠年日久，風雨漂零，鼠雀□乞，殿宇霎漏，聖像摧殘。村中共議，募化補修，金妝神像。四外功德，扶梁募化□貳佰伍拾兩零，村中每垧地起錢捌拾文，二宗共錢三佰肆十餘千。今將功德、經理、募化、出过布施姓名人等，開列於左。

功德：桑富智、王氏，男興亮、岳氏，孫男向旭、刘氏施銀叁兩。

經理人：張有進、武氏，施銀乙兩柒錢。張林福、常氏，男志道、志通、志達施銀壹兩。張的倉，男張丕榮、安氏，孫男毛小子施銀伍錢。張志傑、□氏，男丕泰、葉氏，丕和、康氏，丕美、常氏，孫男明公子施銀伍兩陸錢六百文。

木楼塔、閆万有、閆万才、陳家村，各一兩。王文高、董玉□，各五錢。龍庄溝銀一兩五。募化張有昌銀三錢。黃台封、石家山、高玉峯、馬家灘、坡底、炉子足、張志恩、神堂岩、尖腦上、王家溝、富家宼、張峪溝，各一兩。小沙岩、段家足，各錢六百文。高地峁錢六百文。石峁上、侯家岩、刘巴足、張貴成，各錢五百文。馬連岩、王龍力、半溝力、武科力、徐老母、高學俊、馬次足、□□里、全□□、駱駝村，各五錢。募化康世杰銀八錢，本村張林海銀一兩。武生康应楊、務本堂、福泰庄、康永清，各五錢。牛法旺錢三百文。趙春和、岳生輝、復合明、李創寬、牛法庫、吳安昌、王□明、李見法、隻現成，各三錢。募化康觀明銀三錢，趙豐力銀一兩。胡应旭、永豐泰、天福當、康曰兰，各五錢。馮永魁、張汝璜、張凤山、張存錦、張玉金，各三錢。募化張有達銀三錢，康貴林銀一兩。德順庄、康貴杰，各錢五百。康貴如銀五錢。閆丕成、安天□、康貴仲、李明忠，各錢三百。趙天德錢二百文，□天機銀三錢，募化葉正武銀五錢，弓家溝錢五百文。募化張志云銀三錢。安生保、王賜有，各一兩。王瑣、刘泰扶、郝士祥、王付存、張厰、閆九魁，各五錢。利成庄、□盛允、張帝治，各錢二百。宏盛合錢二百文。李貴保銀三錢。閆巨楼、郭生太、胡學道，各二錢。趙錫材、康元□，各五錢。路文武銀二錢，康应□銀一兩。募化康谷明、張志云，銀五錢。楊恒秀銀一兩，楊付艮銀五錢。李生厚、成仲威、陳伊生、□文蘭、曹壽福、趙□□，各三百。□谷提、刘的□、郝全千、李万銀、楊伊科、岳生奎，各二百文。孔玉德、孔太未、孔太仁、康巨銀、康谷武、順義公、康元棟、康元才、康元有、曹發蘭、義成永，□□錢。募化張林会、卜周義、祁首保、張凤鳴，各五錢。張凤瑣三錢，張滿花二錢，康夢福二兩三，張有展二兩七，張林英二兩二，張有正三兩四，張法義玖錢，張林仁四兩二，張有順一兩八，張有禄三兩，張林青八兩玖，張志學三兩六，張志壽四兩六，張法普三兩三，張進林二兩二，張的庫六錢，張的棟一兩八，張材遠三兩四，張林敖二兩三，張林云五兩三，張世林二兩七，張林生四兩三，張志義二兩，張林世一兩玖，張有庫一兩八，張志有四兩三，張志最三兩玖，張元廷七錢，張志福六兩六，張有万一兩六，張大□二兩六，張林内七錢，葉盛山八錢，張志高一兩伍，張的米一兩，張林昇七錢，閆万和三兩五，安濤壽一兩五、張正林二錢，張林株二兩二，張有最二兩一，張志

香七錢，張志恩七錢，張的海一兩，徐海過二兩七，李云花乙兩，閆選文六錢，張有建五錢，張的義五錢，張林喜錢三百文，張的應錢三百文，成五子四线，康位仁銀七錢，楊作水银三錢，張林兆銀二錢，張林雨銀三錢，張林祥銀二錢，張廣元銀一錢。

稷邑玉工任明吉銀一兩，陰陽成谷儻銀五錢，木匠邢山貴銀五錢，泥行郭林銀五錢，文邑丹青郭錦明、古交丹青邢獲林各一兩。

大清道光二十三年重修碑記，二十四年五月立。

《重修龍王廟碑》拓片局部

天□之井記舊業深丈二尺

方廣稱之□未□深丈二尺

天澤兩雪時下典泉沘浸上有盈

取用不竭安歲上已融積善者盈

睡至各以瓶攜心消除塵俗

又歸者即食愈愈不復病壽飲

病者即□□□不復病壽

試井夢此皆天所錫也爰

□以識人之並受其福云

山腰下有甘泉銘曰三

天氣下降胍養不窮

瓊漿玉液□井窌通

道光二十四年午九月二日

永寧州牧王□賢並隸

732. 天壽井記

立石年代：清道光二十四年（1844 年）

原石尺寸：高 29 厘米，寬 45 厘米

石存地點：呂梁市方山縣北武當山

天壽井記

井之由來舊矣，深丈二尺，方廣稱之。下無泉淤，上有天澤，雨雪時降，融積浸盈，取用不竭。每歲上巳，善者踵至，就飲清心，消除塵俗。及歸，各以瓶携水，老少飲之，病者即愈，愈不復病，壽誠無量。此皆天所錫也。爰於井旁石壁題"天壽井"三字以識，人之并受其福云。

山腰復有甘泉，銘曰：天氣下降，地脉靈通；瓊漿玉液，井養不窮。

道光二十四年九月二日，永寧州牧王繼賢并隸。

重修天池擴其基址序

余莊東北三里許有村曰睿裕瞧嫡任恒號淳甫高村內陳南隅沿有陂塘所以飲馬亦以防災也嗣因不抱村康熙

間移於兒門內西南隅迄今已多歷年所其池岸崩注水不多雖大雨時行其涸也可立而待村中耆老目擊心傷悲

隱隱有淺池想而欲西拓其基又慮古柳縈弱醫萃上下伐之不可留之不能因循不果如是者有年啞池東邊地係

侯君崇信崇安王寬玉琢七尺車路與之商確適諸君好善樂逐移車路於池西雖黑裕宿有意舊積官銀僅貳伯數耳

經之營之當不及十之三畫觀厥成不憂半其難哉侯君崇樂慨然曰有其舉之莫敢廢也天池已壞盡急爲之因

與侯君卯君連科正殿李君希舜並閻村諸老縈督工之君子四人沿門托鉢陸續勸捐人得伍伯餘金地與財皆足於

是嫣正砌石經始於癸卯仲春告竣於甲辰孟夏暑日者莘英擷翠則謂陂塘爲頹池也可柳汁朵朵則謂古木爲九烈

君也可錦鱗游泳夌化無窮即謂是池爲汲浪之龍門也亦可余日望之樂爲之序

計天池岸石頭十層深一丈零五十年深日遠起沙僅可一丈閣莊公議天池內以後永不可載樹恐境天池

當大清道光二十四年歲次甲辰菊秋　　款旦鐫石

邑儒學　生員

巴儒學優行生員

晴嵐王益謀撰文

里人鞏鳳鳴書丹

733. 重修天池擴其基址序

立石年代：清道光二十四年（1844 年）

原石尺寸：高 130 厘米，寬 52 厘米

石存地點：臨汾市曲沃縣曲村鎮北容裕村

重修天池擴其基址序

余莊東北三里許有村曰容裕，睦嫻任恤，號淳風焉。村內東南隅古有陂塘，所以飲馬，亦以防灾也。嗣因水不抱村，康熙間移於兌門內西南隅，迄今已多歷年所矣。池岸騫崩，注水不多，雖大雨時行，其涸也可立而待。村中耆老目擊心傷，悉隱隱有浚池想，而欲西拓其基，又慮古柳陰翳，鶯聲上下，伐之不可，留之不能，因循不果，如是者有年。乃思池東邊地，係侯君崇信、崇安、玉寬、玉琢七尺車路，與之商確，適諸君好善樂兌，遂移車路於池西。雖然，猶有慮：舊積官銀僅貳佰數耳，經之營之，尚不及十之三，聿觀厥成，不夐夐乎其難哉！侯君崇安慨然曰："有其舉之莫敢廢也，天池已壞，盍急爲修之？"因與侯君、仰君連科、正殿李君希舜并闔村諸老舉督工之君子四人，沿門托鉢，陸續勸捐，又得伍佰餘金。地與財皆足，於是鳩工砌石。經始於癸卯仲春，告竣於甲辰孟夏。异日者芹英擷翠，則謂陂塘爲頖池也可；柳汁染衣，則謂古木爲九烈君也可；錦鱗游泳，變化無窮，即謂是池爲汲浪之龍門也亦可！余日望之，樂爲之序。

計天池岸石頭十層，深一丈零五寸，年深日遠，起沙僅可一丈。闔莊公議：天池內以後永不可栽樹，恐壞天池。

邑儒學優行生員晴嵐王益謙撰文，邑儒學生員里人鞏鳳鳴書丹。

時大清道光二十四年歲次甲辰菊秋穀旦鐫石。

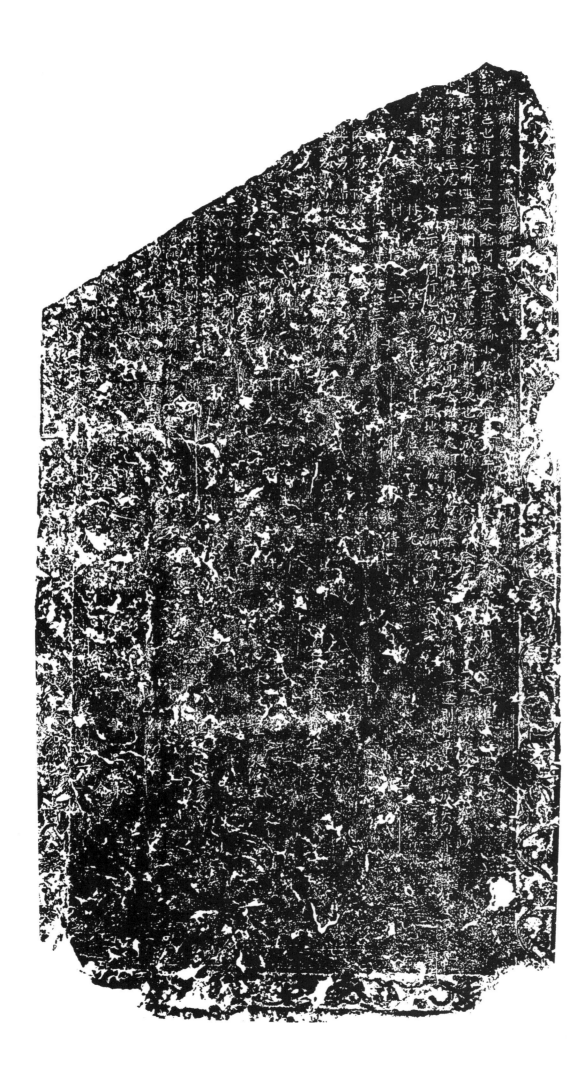

734. 新修義路暨濟輿橋碑記

立石年代：清道光二十四年（1844年）

原石尺寸：高150厘米，寬70厘米

石存地點：晋中市壽陽縣平頭鎮路家河村

鄙村小邑也，舊有古道一條，臨河岸，近溝渠，褊小狹窄。縱有□□，至冬乃□春夏及秋，□而□用，爲其阻河與□□難越也。道光癸卯季秋之月，車路始開。越明年兼甃石橋，期永久也。功成，村人囑余紀事。余年□□於文墨，且未與事，欲辭之，而適有告以□□者。余從首至尾一一聽其言，乃快然曰：小路而易大路，缺處願補全，曲處樂取直，使新舊路并爲一途，則行車大路成矣！向非慷慨好義而爲□□□，又安能如砥如□，□示我周行也哉？名爲義路，平頭地主實加□焉，故鎸碑首以示來許。

本村儒學生員盧重光撰，本村信士韓永清書。

（以下功德人員芳名略而不錄）

選擇吉期陽陽生：韓永泰。

木匠：張□吉。

泥匠：陳文彥。

鐵筆：吳正身、吳正心、吳正命。

……年歲次甲辰□月穀旦。

735. 重修龍神正殿樂樓并東西兩廊碑記

立石年代：清道光二十五年（1845 年）

原石尺寸：高 145 厘米，寬 55 厘米

石存地點：晉中市左權縣口則村觀音堂

〔碑額〕：流芳

重修龍神正殿樂樓并東西兩廊碑記

且自兩儀剖，而陰陽之理始具；二氣運，而鬼神之名始昭。鬼神者，陰之精而陽之靈也，第無形無聲，似無足以致其畏敬焉。然或而雲，或而雨，風調雨順，時和年豐，伊誰之力哉？可知微神之功不及此。故設廟宇、崇祀典，非幸也，宜也。口則村舊有龍神廟院壹所，原以春秋祈報，妥神靈而重農事也。但創建無稽，而補葺亦難以盡考。迨相傳至今，而剝落摧殘，幾不足以壯觀矣。幸有糾首等目擊心傷，與村公議重修，而又咸慮村微力薄，難以一載而成，不若次口加口而事可易舉。于是眾志一奮，按地畝捐資，而鳩工庀材。遂於辛丑歲而修乎樂樓，壬寅歲而修乎正殿與西廊、門樓，及至乙巳歲而新建東廊叁間，則數年之舉始告成焉。既竣，徵記於余。余雖固陋，而喜其同心合志，歷數年而不倦者，足見人情之淳也。故爲之記，以誌不朽云。

增生劉晉煌撰并書。

經理：許連元、喬口成、口口基、許奎元。

糾首：王萬倉、路青雲、張金泰、侯口桂、程金泰、武玉昌、許連富、張義金、路步雲、武天口、王萬銀、程太保、喬生榮、侯折桂、張九成。

道光貳拾伍年歲次乙巳二月吉立。

斷案永昭

736. 斷案永昭碑

立石年代：清道光二十五年（1845 年）
原石尺寸：高 110 厘米，寬 56 厘米
石存地點：臨汾市洪洞縣堤村鄉楊窪莊村

〔碑額〕：斷案永昭

□我村與趙城縣南、北石明三村，爲越界開渠、截引汾水興訟，案控至河東道□□案下，蒙批委霍州蔣大老爺斷定：石明三村應在龍石灘開渠上水，不得越界。倘後渠堰淤高，許向楊宼庄社説明，認粮開渠使水。兩造遵斷，具結息案，事在嘉慶二年。案牘雖云可稽，而未曾顯立碑誌，以爲將來明證。兹復以三村馬安朝等□斷，在我村南河灘開渠上水，經我村渠長郭希堯、韓希貴，公直郭希騫、□中盈等查案，理阻兩相拂，互控署縣李天案下，未結。我村上控，府憲仍批飭李縣主查吊前案，斷定："伊三村今借我村南河灘上水，每年□出粮錢九千正，作春秋兩季上水清交。又錢一千，以爲備酌之資。伊等所開之渠，渠口只許六尺，堆土六尺，不許多開。如多開一尺，罰□□錢十千，多開半尺，罰錢五千。楊家庄、三教村得就渠隨便澆灌，不許伊等阻擋。倘渠水損傷我村地一畝，伊包賠一畝。"當堂兩宗情願遵斷。除具結存案外，我村仍將斷定情由并所具之結，載條約顯明刻石，雖所以誌一時之始末，抑以俾將來一□而知，無俟臨時倉皇，查案費用而已。是爲序。

邑儒學增廣生員郭逢丙撰并書。

（此处文字漫漶不清，略而不録）

時大清道光二十五年四月卅日斷案，六月十九日立石。

737. 重修五龍聖母廟碑記

立石年代：清道光二十五年（1845 年）
原石尺寸：高 55 厘米，寬 112 厘米
石存地點：晋中市壽陽縣温家莊鄉朱家溝村

重修五龍聖母廟碑記

嘗聞禦大灾、捍大患，民之有賴於神者，禮宜禋祀。矧夫興雲致雨、澤潤生民，不更當立廟崇祀乎？邑之北朱家溝村，距城半舍，舊有五龍聖母神祠，南環壽水，北接方山，誠勝地也。自建廟以來，時和年豐，從無水旱之灾，龍神之德至今未艾。顧自康熙五十四年重修至今，百有餘歲，日久傾圮，廟貌闇然，幾無以壯其觀瞻，敢曰神罔時怨乎？更可慮者，廟中樂楼，根石臨崖，不久自墜。鄉老慮其難以永存，於是糾合村衆，共議拆毀以增式廓。隨即補葺正殿，口正山門，左右建鐘鼓二楼。殿西舊有老趙廟，今改建殿東，以配享龍神，而兩廊仍之。凡垣墉之敝壞者修之，院宇之狹隘者廣之，宮殿之暗淡者華之。金碧輝煌，焕然一新。不数月而工已告竣，非盛舉而何？今即其所費計之，約用金百餘兩，除得樹銀三十餘兩，米價銀十兩整。餘有不給，又按地以起。一時鄉人無錢，踴躍樂輸，以襄盛事。兹當落成，用撫其事而書之，俾後之覽者，識其始末，庶幾不忘云尔。

本邑庠生王鳳藻謹撰，處士子俊朱周偉謹書。

萬善同歸題名碑記：

會茶：朱廣彩施銀三錢。總糾首：朱映彩施銀八錢，朱周彩施銀八錢，朱周美施銀八錢。副經理：朱德志開光供主施銀二兩，朱周成上梁供主施銀二兩，朱迎謙施銀六錢，朱德俊施銀八錢，朱德昌施銀五錢，朱周勤施銀四錢。糾首：朱得宇施銀二錢；朱周安施銀六錢；朱玉興施銀五錢；李正元施銀三錢；朱周世施銀八錢；朱郁文施銀一兩；朱周俊、朱繒文施銀一兩；朱周福施銀四錢；朱周寶施銀三錢；朱周順施銀三錢；朱得喜、朱周有、朱迎輝、朱正彩、朱周寬、朱周敏、朱周煌、朱周儉、朱周敦、朱玉寶、朱敏正、朱養正、朱周榮，以上各施銀二錢；朱大彩、朱周恒、朱秉直、朱秉儒、朱周通、朱周達、朱周官、朱泰旺、朱周珍，以上各施銀一錢；朱秉柱、朱周萬各施銀二錢；朱魁文施銀四錢。

陰陽朱啓運施銀二錢，木匠趙文彬施銀二錢，泥匠任九長、任九福施銀二錢，画匠姜鐘璽施銀二錢，鐵筆聶久林施銀二錢……

邑之北二都五口，係朱家溝村，於乙巳歲應門戶舊按中東西三股辦理，兹因布貼不均，於是合村……家股內粮少，將本社中粮又有王、白、尚戶三姓之粮所出幫價，以就貼與粮少之股。餘本股粮石各當各祭并無找貼。所分外甲人名多寡攤排衙內一應使費，按本股粮石所攤，以粮當差，故并誌之以示後。

大清道光二十五年歲次旃蒙大荒落季夏上浣穀旦勒石。

738. 玉皇廟碑記

立石年代：清道光二十五年（1845年）

原石尺寸：高92厘米，寬49厘米

石存地點：臨汾市汾西縣永安鎮桃榮村玉皇廟

〔碑額〕：永垂不朽

從來風水二字□□□□，天生水源，以厚民生，人補風□，以動氣運。念□平成而後，改邑不改井，知民之耕田而食，必鑿井而飲矣。自乾隆間，偷山盜□，以□□□一井之水，至道光廿四年盜煤，復議將使遭曹軍之渴。幸□縣主毛天既公且明，詳□地勢，不準盜煤，更念十年樹木芳林，足壯地宇之氣，故五柳先生三□□□，向榮大幹居住生色。茲鄉之有槐，年歲多矣。茲槐之爲樹美□盛矣。□□□□之家不顧己利，願補村風，永捨此樹，斧斤不伐，因而合社士民思此二□□□生活恐將□过復生，風關發福，恐歲□□善或掩。同爲刻石以垂來世，一以……後□□靈源之可飲焉；一以記仁人之善心，使來者念茂林之□□焉。

閏森撰，住持元曜書。

捨樹人：閏際昌、閏際元、閏際盛、閏際美、閏可大、閏金銘。（以下糾首人員芳名略而不録）

大清道光貳拾伍年歲次乙巳暑月立石。

739. 濟瀆神祠碑

立石年代：清道光二十五年（1845年）
原石尺寸：高165厘米，寬68厘米
石存地點：長治市壺關縣石坡鄉郭家陀村

〔碑額〕：萬善同歸

村之西有濟瀆神祠，重修有日矣，迄今墻基拆裂，瓦木就頹，鄉人之不忍目睹者已数年焉。一但倡義修葺，衆皆悦服，是則前人成烈不忍没者也。至其功程較大，素無蓄積，使非同心同力，曷克勝任？有如大殿、香亭、兩廊、山門，皆屬從根修理。大殿東西新修垣墻，山門外增加影壁，戲樓則增其式廊，易三間爲五間。相工庇材，資乎舊者十之三，成以新者十之七，亦可謂浩舉矣。然而入夏興工，秋末告竣，則又神德之感乎，人心之樂赴者也。因爲之詞曰：

雲山蒼蒼殿宇輝煌，老松獨立龍盤鶴翔。
下有异木俗傳香樟，先民有言神居其傍。
施藥濟世威鎮一方，無遠伊邇莫不来享。
創建有時重修亦常，特無碑碣年月難詳。
前功之建後功惟彰，後功之立諸君其昌。
斯人斯事信堪流芳，俚言記績曷勝疏狂。
共花費錢柒佰叁拾四千文，邑庠生郭憲周捐施大錢八千文。
募化維首：崔悦餘、崔耀林。
住持：龍法。
總理興工兼管錢粮事務敕授登仕郎吏部候選崔秉忠。
維首：崔孔賢、李維秀、賈耀武、崔聚有、崔廣晟、趙澤、賈正林、程克公、崔耀武、崔魁秀、崔尚義、崔繼松、崔九全、崔六合、崔文的、崔文獻、崔廷中、崔恒元、崔文彩、崔福槐、崔跟栓。
木工：崔兆義、崔繼福。
石工：王榮、侯花。
玉工畢萬魁，二孫府仁刊。
大清道光貳拾五年九月穀旦合社勒石。

740. 修補龍王廟工程小石記

立石年代：清道光二十五年（1845 年）
原石尺寸：高 103 厘米，寬 61 厘米
石存地點：呂梁市汾陽市三泉鎮聶生村龍王廟

修補龍王廟工程小石記

樂楼三間，重新補□彩画，左右建磚墙門洞一座，构抿大殿三間，献食棚三間，牌楼一座，街門一座，鍾鼓二楼，東角楼一座。廟□外新建影壁一座，廟門内建務工墙一座，圍墙一□。樂楼後修補厨房二間、社窑三眼。東邊建街門磚墙一道，兩邊院墙二道。南邊揭瓦馬棚四間，圍墙二道。前後補揭彩画之處，俱以開載。所有人布施花費總數，謹列于后。

宋懷福施錢叁拾千文，王太昌施錢貳拾千文，宋希明施錢拾陸千文，宋接統施錢拾千文，石淵施□拾千文，劉安理施錢捌千文，羣殿龍施錢柒千文，温如玉施錢陸千文，宋毓相施錢陸千文，温嘉瑞施錢陸千文，宋長年施錢陸千文，常廷輔施錢陸千文，任純義施錢伍千文，宋全武施錢肆千文，宋世曾施錢叁千文，宋世彦施錢叁千文，宋富長施錢叁千文，宋懷保施錢叁千文，宋希堯施錢叁千文，宋君昌施錢貳千文，宋富謙施錢貳千文，趙毓英施錢貳千文，侯天元施錢貳千文，宋承謨施錢壹千六百文，宋成施錢壹千六百文，王晋義施錢壹千貳百文，李天和施錢壹千貳百文，宋錦發施錢壹千貳百文，郭永富施錢壹千貳百文，陳有義施錢壹千貳百文，宋開元施錢壹千文，宋樑施錢壹千文，宋体元施錢壹千文，李萬元施錢壹千文，楊得茂施錢壹千文，劉□選施錢壹千文，郝承璽施錢壹千文，宋懷明施錢壹千文，賀福盛施錢壹千文，宋廷玉施錢壹千文，潘世龍施錢壹千文，宋君相施錢壹千文，温萬禄施錢壹千文，邵伯俊施錢壹千文，穆九如施錢壹千文，共□□布施錢壹伯捌拾柒千貳百文，共出過磚瓦、木料、鐵器、石灰、木、泥、油匠、人工、雜項錢貳百伍拾陸千叁百壹拾壹文，所有不足之項，大社佃結。

經理糾首：宋開元、宋接統、温如玉、宋全武、宋懷福、温嘉瑞、宋樑、宋君昌、宋体元、宋懷保、宋長年、常廷輔。

住持：郭上光□□。

道光二十五年十月穀旦。

741. 重修社臺山龍神祠及各廟碑記

立石年代：清道光二十五年（1845 年）

原石尺寸：高 156 厘米，寬 70 厘米

石存地點：大同市廣靈縣廣靈城北二分地居民區

重修社臺山龍神祠及各廟碑記

"社臺朝雨"，廣邑八景之一也。臺峰矗起，每將雨，石滑潤异常，因于其上建龍神祠……于山之巔。余隨衆展拜，見廟貌摧頹，丹漆漫漶。洎乎甲辰，修廢舉墜，耳目一新。詢之画工，則云："……五龍王及雨師；其兩□則風伯、雷公、雲將、風姨、電母、虹童暨天神、直符、功曹、判官。凡行雨之神，無一不合祀之……駕雲前導，測雨所至，直符乘馬，五龍王騎五色神龍，雨師、風伯、風姨咸駕靈獸，雷公、電母、雲將、虹童皆乘雲御風，而……于被澤之方。西壁繪雨畢回宮圖：五龍王易龍乘馬，執縛旱魃之神及雨師、風伯攬轡而回；風姨、電母同車迴輪；雷……仍乘雲御風以歸；聖母據案南向立。此世宗憲皇帝以龍神、風伯已特建廟，而雲師、雷師亦令建祠。故雲朔編氓，村村祀之也。"余息氣以聽，凝神以觀，覺神采飛動……書，則稱出自道、佛藏經。然細繹經史子集，遐稽《山海》《楚辭》《繁露》《文選》《搜神》《述异》古今詩賦。諸書所載：大海龍宮，波神出没，御馬……玉女披衣，雨神滴水，風伯飛車，力士引鼓，童女施鞭，豐隆軒其震霆，列缺閃其照夜者，即所稱旱魃爲虐。若望雲霓，雲行雨施，雷……成雲，風順時而行，雨應風而下，九天之雲下垂，四海之水皆立也，又何疑其神怪也哉！至新入"文昌""倒坐觀音"與"伏魔大帝"宮……備具。盖虔奉禱祀，神之福人，方未艾云。余記其事如右，所捐銀數及董斯役者，皆列於碑陰。

雲南試用知縣甲午科舉人周熙有撰，丁酉科拔貢候銓儒學教諭周家儼書。

文林郎知廣靈縣事朝邑李士式，廣靈縣學訓導周之豐，廣靈縣城守司邢德魁，廣靈縣典史翁模元。

經理人：永信生、永和當、豫貞吉、永豐當、永合成、永成缸房、金生玉、興泰永、悦來公、玉成染房、同心店、永亨店、義合店、源遠店、德興店、長盛店、福全店、義泰恒、永升店、全善店。

募化道人：李元檀。

大清道光二十五年十一月穀旦立。

742. 部落村修理龍天廟碑記

立石年代：清道光二十六年（1846 年）
原石尺寸：高 43 厘米，寬 73 厘米
石存地點：呂梁市孝義市下堡鎮部落村龍天廟

　　闔村公議修理龍天廟動工，本年十月初三日工成，共費錢肆百陸拾餘千文。今將經理糾首人名，施舍空基、窰頂、槐樹人名俱開于後。

　　經理糾首人：魏士年、魏茂廉、魏法滿、魏士祥、魏開官、魏士成、呂成義、魏士環、魏士能、魏士昇、魏開高、魏開謙、任萬金、魏法禹、魏開金、魏汝林、魏育盛、魏法昌、魏口太、魏法宏。

　　施舍窰頂人：魏士年、魏法宏、魏法昌、魏法倉。

　　施舍槐樹空基人：魏士禎、魏開魁、魏開高、魏開新。

　　大清道光二十六年四月二十五日。

743. 郭家莊重修龍天廟記

立石年代：清道光二十六年（1846 年）

原石尺寸：高 53 厘米，寬 40 厘米

石存地點：呂梁市汾陽市三泉鎮郭家莊村龍天廟

嘗思創始者固難，而繼始者亦屬不易。汾邑西南鄉郭家庄，古有龍天廟，由來久矣，莫考創建之始。近年以來，圍墻塌毀，四面破壞。三社糾首公議，重新圍墻，改造戲塲，山門西邊新盖車門，四外補修。共費錢陸拾餘千，由村地畝齊攤，以□□化名。又有劉世遠，廟西捨地貳畝，捨約存廟。功程告竣，勒石爲誌。

本邑居士吳占山沐手撰書。

三社經理糾首：郭廷柏、監生馬□□、馬□璉、劉長貴、馬□鎬、趙□□、劉得遠、任庭貴、□棟。

大清道光二十六年十月吉日公立。

744. 重修五龍聖母廟碑記

立石年代：清道光二十六年（1846 年）
原石尺寸：高 122 厘米，寬 60 厘米
石存地點：臨汾市蒲縣紅道鄉五龍聖母廟

〔碑額〕：永垂不朽

盖聞《礼》有云："能禦大灾則□之，能捍大患則祀之。" 縣治之北有五龍洞一所，能興雲爲雨，亦靈□矣。故偶遇亢旱，居民祈之，有感即應，無禱不靈，真可謂禦灾……居士□火不斷。值聖誕之辰，數十八村演戲建醮，朝山進香，誠一邑之勝事也。近年有不規之徒，竊伐樹株，堂尊罰錢五十千，以爲重修之費。奈工程浩大，資財缺少。首事者募化四方，凡善人君子，樂輸己財，以襄厥事。於是糾工修造，大興土木，缺者補之，圮者修之。不數月而工告竣，廟宇墻垣煥然一新。雖神功之浩蕩，亦人力之普存也。今將施財者姓名勒諸貞珉，以示永垂不朽之意云爾。是爲序。

邑廩生張國梁撰，劉徙義代書。

隰州蒲縣正堂董太老爺印彙芳，直隸天津府天津縣人。特授蒲縣典史黃荣杰，湖北麻城人。

合社收布施銀一百三十八千有零，二十五年頭工化費錢伍拾四仟零，二工化錢六十三仟七百有零。

在城經理：貢生張琯、貢生曹力壯、生員高法援、生員曹培晋、糾首郭仕舜、糾首楊寧、糾首郭發銀、糾首刘大昌、糾首宿青燈。陳家庄、好義村、下太夫、佛宝元、賀家庄、新庄、前中匣、後中匣、徐家元、圪家元、張供庄、中柏村，以上合村出錢七百卅。韓家元、古坡村、下門古、上門古，以前出錢六百。上大夫、新村，以前二村五百。返底、洪道村，以前合村二百七十。柏家元出錢三百。

廿五年花費錢十九千文。

住持：郭仕湯、霍大鴻。

時大清道光二十六年歲次丙午十二月穀旦立碑二座。

745. 成莊村掘井碑記

立石年代：清道光二十七年（1847 年）

原石尺寸：高 100 厘米，寬 58 厘米

石存地點：臨汾市霍州市陶唐峪鄉成莊村

〔碑額〕：永垂不朽

古有舊井一眼，不知始於何時。距此十餘步許，聚族於斯者，莫不在彼取汲焉。乃歷年已久，損傷實甚，屢次掏之，水泉不旺，未足供此地人之取汲。爰集衆人商議，另掘一井，共卜吉於此。其地係成元勳等讓出，周圍至墻根而止。其間有捐資者，有助工者，共費錢壹拾壹千玖佰有零，助夫肆拾伍工。不日泉出，因建房一間，以爲風雨之蔽。庶聚族於斯者，不致有告竭之患焉。是爲序。今將取吸姓名開後。

儒學廩膳生員成樹翰撰書。

讓地人：生員成树秀、成元文、成元勳、成元隆、成振□，以上共施錢壹千文。成興萬施錢貳千文，成樹本施錢貳千文，廩生成樹翰施錢貳千文，成元振施錢捌百文，成興敬施錢柒百文，復成永施錢伍百文，成元浩施錢伍百文，成元才施錢伍百文，成全逢施錢肆百文，刘孝孔施錢叁百文，成全運施錢叁百文，成树桐施錢叁百文，成元中施錢叁百文，成元昌施錢貳百文助二工，成全昌施錢貳百文助二工，監生成元慶施錢貳百文，成興□助四工，成玉銀助四工，成俊敏助叁工，成元邦助叁工，成興貯助叁工，成头田助叁工，成元南助叁工，成元化助叁工，成元□助叁工，成興遇助貳工，成興常助貳工，成興阳助貳工，成元林助貳工，成元□助貳工，成元昱助貳工。

督工：成全傑、成興庫、張□□、成元樂。

道光二十七年三月穀旦立。

清碑

重修XXX靈廟碑記

竊聞創之於前者即有繼之於後者然後人貴骸繼先貴骸劁凡XX皆然而在廟宇為九重川

東XXX清昔有

XX靈廟一座歷年久遠風雨飄搖摧柱穿栈缺落構靈為雲雨牆裂尾解荒隱XX於草莽居民河津縣

張得民等XX目心惻愛起重修之念旁XX損遠化復懷創建之心因于廟前建立無停一座僧

卷二間不三月而功成告竣行昆楊柳枝頸灑甘露喜雨亭中誌太平山明而水白自

大清道光十七年歲次丁未冬十二月　吉旦

鄉寧縣廪貢黑澤黃澤撰文

河津縣　X東女沐浴敬書

承首人

X州河津張得民

全立

梃畫　X州X張邦振

746. 重修觀音堂龍王土地廟碑記

立石年代：清道光二十七年（1847 年）

原石尺寸：高 153 厘米，寬 58 厘米

石存地點：臨汾市吉縣車城鄉洛義溝村

〔碑額〕：清碑

重修觀音堂龍王土地廟碑記

盖聞創之於前者，即有繼之於後者，然後人貴能繼，尤貴能創，凡事皆然，而在廟宇爲尤重。州東□□溝，舊有觀音堂龍王土地廟一座，歷年久遠，風雨飄搖。柱穿棧缺，落構垂爲雲雨；墙裂瓦解，荒□蔓于草芽。居民河津縣諱張得民等，觸目心惻，爰起重修之念，旁捐遠化，復懷創建之心，因于廟前建立舞停〔亭〕一座，僧房二間。不三月而功成告竣。行見楊柳枝頭灑甘露，喜雨亭中誌太平。□山明而水白，自神悦人和。是爲序。

鄉寧縣廩貢黑潘貴撰文，河津縣張秉世沐浴敬書。

承首人：絳州河津張必長，四川其縣趙陞貴，四川西定田子現，河南武周司有法，絳州河津張得民、原休平，湖北黄州夏忠元，同立。

妝畫木匠：張邦振。

大清道光二十七年歲次丁未冬十一月吉旦。

禁河路碑

崇考澐川之功肇自神禹誠以水利流於民之患於成也村内坐中
歷年久遠河與道平每逢大雨特行河水西縮比户不安合村公議
自疏之後東至東山脚西至西橋底家不不時縮次以至西巷道河内塞上街路衝土出力修理流河成染
有頖年從衢行者罰錢壹仟文交掷河内葽及茂石者罰錢伍伯文盖以疏鑿維豗幾置巠
營括憶□□ 苦修草葺非旦旬之無無澂滋俊清之豗此亦□防水逸之計也□

尚有
□一字者罰錢伍伯文

維首

增生段必唐
增生段光海
      牛遇省   王進元
      牛聚義   牛萬里
青生兒成章棋   張鳳林 牛銀鎖
吏青 佚心月明書 張自英 張染保

材邑 石工李姚林刊刻

全建立

大清道光貳拾捌年叁月拾肆日

穀旦

747. 禁河路碑

立石年代：清道光二十八年（1848 年）
原石尺寸：高 100 厘米，寬 50 厘米
石存地點：長治市平順縣苗莊鎮北莊村

〔碑額〕：禁河路碑

嘗考浚川之功，肇自神禹。誠以□水橫流，爲民之患非淺也。村內舊□河渠，適居村之正中，歷年久遠，河與道平，每逢大雨時行，河水四溢，比戶不安。合村公議，同力修理，疏河成渠。自疏之後，東至東山腳，西至西橋底，家戶不得將煤灰、瓦石妄倒河內；禁止街路領羊往來。有領羊從街行者，罰錢壹仟文；妄倒河內煤灰、瓦石者，罰錢伍百文。盖以疏鑿維艱，幾費經營拮据之苦，修葺非易，庶無激蕩侵潰之憂，此亦一勞永逸之計也與。倘有□□一字者，罰錢伍百文。

貢生段成章撰，吏書張問明書。

維首：增生段心廣、牛遇省、郭邦壘、段奎然、庠生段允海、王進元、牛聚義、牛萬里、張鳳林、牛銀鎖、張自興、張聚保，同建立。

林邑石工李桃林刊刻。

大清道光貳拾捌年叄月拾肆日穀旦。

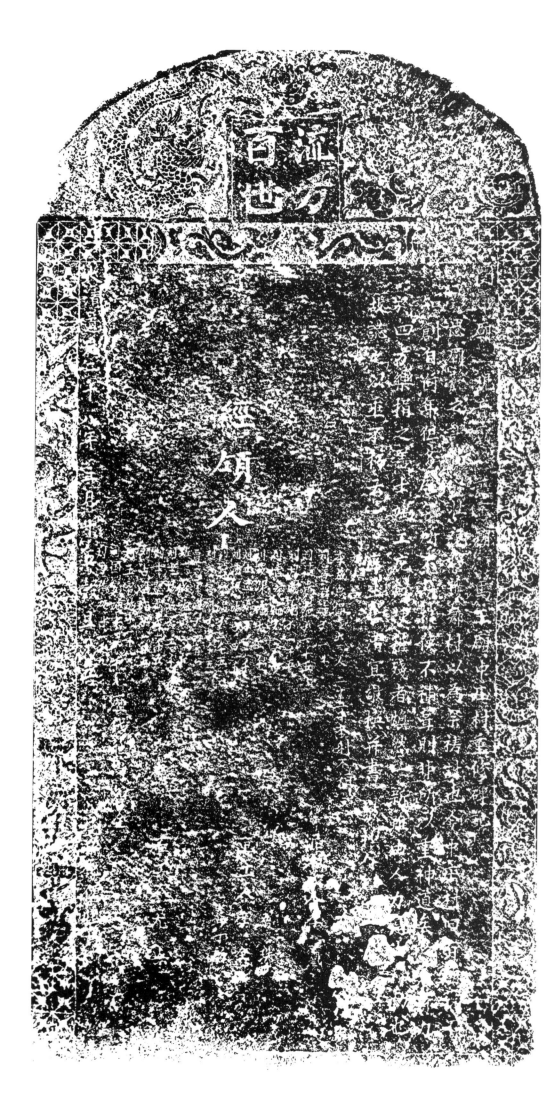

748. 關帝廟觀音廟龍王廟馬王廟中莊村重修碑記

立石年代：清道光二十八年（1848年）

原石尺寸：高130厘米，寬62厘米

石存地點：大同市靈丘縣下關鄉中莊村關帝廟

〔碑額〕：流芳百世

關帝廟觀音廟龍王廟馬王廟中庄村重修碑記

嘗思廟觀之設，□□壯觀，□□鄉村，以爲祭祷計也。今中庄村舊有廟□□，不知創自何年，但多歷年所，□□□□，使不補葺，則非所以重神道矣。□□□□於四方，樂捐之善士，鳩工庀材，使摧殘者焕然一新。雖由人力，□□神力也。故誌之，以垂不朽云。

庠生□清宜敬撰并書。

（以下經領人姓名略而不録）

大清道光二十八年三月十五穀旦立。

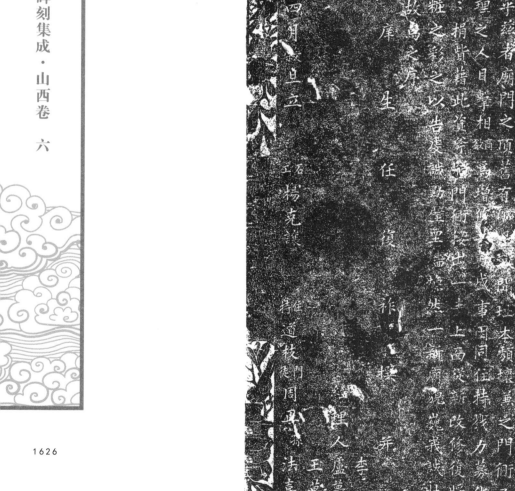

重修聖母廟碑記

當聞莫為之前雖美而不彰莫為之後雖盛而不傳廟守之得以永垂而不朽者非此
相前後之皆相人焉而然耶汾邑城西田村建立
崇跡由來福人感人者俱有前碑可稽茲復資以來代遠年湮風雨剝
聖母神廟歷有年所其神之
落為鼠侵蝕不無頹圮起前暑高而工不更賴現
在君子經河平茲廟門之頂舊有前修而已頹前暑高而工不更賴現
鄉共墓趾經理之人目擊相繼為增修門衙按出二土上西面從
閭壮之人一心捐貲措此貲斧之以告竣誠勤筐聖暨而一廟貌巍哉珖祉觀也軍陝後
母神像嬡閣粧之以彩之以故鳥之庠生庠
靖記拱余
邑庠生任　復作并書

道光廿八年四月八旦立

石工楊克明

里人盧蔓堂
王尚

749. 重修聖母廟碑記

立石年代：清道光二十八年（1848年）

原石尺寸：高143厘米，寬58厘米

石存地點：呂梁市汾陽市栗家莊鎮田村聖母廟

〔碑額〕：流芳

重修聖母廟碑記

　　嘗聞莫爲之前，雖美而不彰；莫爲之後，雖盛而不傳。廟宇之得以永垂而不朽者，非賴前後之皆有人爲而然耶。汾郡城西田村建立聖母神廟，歷有年所。其神之踪迹由來，福人、感人者，俱有前碑可稽，兹不復贅。但自創建以來，代遠年湮，風雨剥落，鳥鼠侵蝕，不無傾圮，重修補葺雖不乏人，然昔修而已頹，前略而未工，不更賴現在君子經濟乎？兹者廟門之頂舊有□□□間，址本頹壞，兼之門衚又甚缺短，上面艱於舉址。經理之人目擊相商，欲爲增修，共襄盛事，因同住持戮〔勠〕力，募化四方信士暨闔村之人，一一捐資。藉此資斧，將門衚接出一半，上面從新改修。復將正殿聖母神像暖閣妝之彩之，以告虔誠。黝壁堊墻，焕然一新，廟貌巍峨，誠壯觀也。事既竣，請記於余，余故爲之序。

　　邑庠生任復祚撰并書。

　　經理人：李鎧、盧夢璽、王萬銖。

　　石工楊克讓。

　　住持道枝，門徒周正，孫法喜，曾孫戒庫。

　　道光廿八年四月榖旦立。

750. 石碣

立石年代：清道光二十八年（1848 年）
原石尺寸：高 47 厘米，寬 77 厘米
石存地點：呂梁市柳林縣柳林鎮龍王廟

從古無不敝之宮墙，恒賴樂善者修廢舉墜，爲之紹前而啓後。柳林鎮街北舊建龍王廟，歷年多所，其諸神名位，前碑誌之詳矣，茲不復載。惟東西僧舍六楹，爲各行户祭祀齊宿之所。奈風雨飄摇，房屋傾圮，不補葺而振新之，將棟折榱崩，不免壓覆是懼。且以敬以侑，神其有室栖焉息焉？人無所依，亦非所以相祀典而將誠敬也。經理等心惻久之，因鳩工庀材，重新整理。由是舊者新，缺者補，獻文之室一旦燦然改觀焉。工竣擬勒石以示勸，問記於余。愧余謭陋不能文，謹弁數言於右，所望後之君子，庶其蹤事增華也。幸甚！

郡優廩生馬鳴鑾撰并書。

經理：監生高陞堂、鄉約張玉成。

白酒社捐錢陸仟，駝店捐錢拾仟，財神社捐錢陸仟，麵社捐錢拾仟，柴工社捐錢陸仟，斗行捐錢拾仟。

石工：王銀照。泥工：黨廷亮。住持海鉅，門徒湛定、湛言。社友：劉光才。

大清道光貳拾捌年七月吉立。

751. 重修大禹廟東西角殿廡房舞樓觀音堂土地祠又創戲房石岸碑銘

立石年代：清道光二十八年（1848 年）

原石尺寸：高 125 厘米，寬 65 厘米

石存地點：長治市平順縣北社鄉西青北村大禹廟

〔碑額〕：用垂永久

重修大禹廟東西角殿廡房舞樓觀音堂土地祠又創戲房石岸碑銘

嘗考祀神之典，其有功於斯民者則祀之。以觀夏禹，君爲聖明，德稱紙台，抑洪水而疏九河，其有功於斯世者甚大……於斯民者實多，而且稱表正者□其服，歌□水者頌其功。其功之巍巍如是，詎可使廟貌傾頹，無以格神明乎？吾村古有大禹聖神廟，不知創自何代，而歷年久遠，風雨侵□，墻屋塌毀，首則無以格神明，次則無以展誠敬。村中父老相顧而言曰：……湮，廟貌摧殘，苟不重爲修理，其遺笑於鄰村者猶淺，而獲罪於神聖者良深也。"於是遂動重修之意。而善言一倡，村中士民……道光十五年興工，以迄於今，數十余年以來，富者樂施其財，貧者願□其力。工至二十八年秋而厥工告成，□□改……也。又豈徒廟貌維新而悦斯人之觀瞻哉？蓋以神有所依，以佑我合境之安樂也。是以爰召玉工，刻石成文，以垂不朽。

平順鄉學東禪村府□庠生程先□□。

收賣□價大錢壹百壹拾叁仟五百文，收地畝捐錢柒百六十一仟八百四十文，收布施錢四百九十九仟三百九十六文，收社租米錢二百廿二仟一百六十四文，右共四總捐錢一仟五百九十六千九百文，共總花費錢一仟五百九十六千九百文。

修理總管人：馮興泰、李明□。

□賬人：□□□。

（以下碑文漫漶不清，略而不録）

大清道光二十八年歲次戊申秋小陽月□三□□。

752. 重修猪龍廟碑記

立石年代：清道光二十八年（1848 年）
原石尺寸：高 164 厘米，寬 53 厘米
石存地點：晉中市和順縣李陽鎮榆圪塔村

〔碑額〕：萬善同歸

重修猪龍廟碑記

　　縣治西北距城四十里許，舊建猪佛龍神廟，爲和樂二邑保障。每當亢旱，或禱於廟，或擊鼓迎神於鄉間以祈之，無不靈應，誠兩地之庇蔭也。自嘉慶十六年重修迄今，三十餘年矣。風雨剥蝕，半就圮傾。信士□□□等立願重興，聚集糾首四方募緣，計得金五百六十餘緡。用是糾工庀材，共襄盛事。是舉也，經始於四月上旬，□□於九月中旬。工程既竣，略爲序之。夫正殿、拜殿爲栖神、禮神之所，其所爲黝堊以施其金碧者，不可不備。鐘鼓二楼，曩甚卑隘，今特高起之，所以壯厥觀也。又於東西各新建配房六楹，俾之左右對峙焉，而樂楼、茶棚亦從此整新矣。尋見廟貌嵯厓，神光炳焕。而合社鄉人既有休息之所，即梨園子弟亦多托庇之區。於以隆報賽而展明禋，庶神無怨恫而人咸悦懍也。謹略陳其顛末，而爲之序。

（以下施捨人芳名略而不録）

　　時大清道光二十八年歲在戊申十一月穀旦立。

清（四）

1633

753. 重修夏禹神祠碑記

立石年代：清道光二十九年（1849年）

原石尺寸：高 50 厘米，寬 80 厘米

石存地點：長治市平順縣陽高鄉侯壁村

且神祠之建，原所以壯觀瞻而報往聖之功德也。故今此下民必求□□巍然，神像赫濯，庶幾誠敬之少伸耳！遐想夏禹勤於治水，八年□外，卑以自奉，溝洫盡力，功德之所垂昭然在目，謂非今之人所當□□當報者乎？□土舊有夏禹聖帝神祠，創自至元二年，代遠年湮，廟宇傾危，風吹雨蝕，神像暗然，當春祀秋報之辰，不覺有目睹而心傷者。迨至國朝道光十年，捐資鳩工，重修殿宇，數年來漸□□修補葺，而帝之廟貌鼎然以固；然而采色不施，其何以壯觀瞻而妥神明乎？今□己酉歲合村公議，復按地畝各捐資財，□□補塑□身，加以繪畫，將見殿宇輝煌，神像赫濯，向之暗然無色者，今且煥□改觀矣。功成之日，寫文刻石以誌之，敢言功乎？援筆以誌其年月不沒□□云尔。是爲序。

一切共花費大錢一百五拾五千五百五十文，□家庄趙文保施錢二百文，榔樹岩施錢一千文，任家庄施□□□□，豐盛号施錢一千文，牛克斌錢二百文，任双元錢一百文。

維首人：任雙元錢五百文，刘景川錢五百文，耿汝松錢五百文，李全錢五百文，崔炳南錢五百文，任永泰錢二百文，陳廷榮錢二百文，牛克義錢二百文，刘文煥錢二百文，牛克寬錢二百文，刘清川錢二百文，女善人十三名錢五百文，□□□錢二百文，任直祥錢二百文，任鳳翔錢二百文，任良才錢二百文，耿刘成錢二百文，任武魁錢一百五十文，陳起有錢一百五十文，牛寬有錢一百五十文，任廷梁錢一百五十文，張臨年錢一百五十文，張鴻飛錢一百五十文，趙起群錢一百五十文，牛克禮錢一百文，任□寬錢一百文，耿成安錢一百文，耿成仁錢一百文。

木匠王萬山，丹青趙文保，石匠張向辰，徒牛永金，住持僧人周花。

廟前後左右方圓五十步之內不許牛羊入境，倘有犯者，每一畜罰大錢一千文。

大清道光二十九年四月十七日立。

754. 重修三聖母諸神廟碑誌

立石年代：清道光二十九年（1849年）
原石尺寸：高183厘米，寬71厘米
石存地點：臨汾市汾西縣對竹鎮漢峪村佛廟

〔碑額〕：百代長留

拆建村之廟原上并復修本村上下廟碑誌

是廟之設，從古有三聖母、五大士以及龍王、土地諸神，殿宇前碑已記明悉。然善創貴於善因，有修亦必有壞。斯廟建立多年，補葺之工不知其數。弘治以後，本廟以前無誌可考。茲據乾隆、嘉慶年間重修後計之，至今數十年，規模又廢矣。社人目擊心傷，復有修理之意。□□廟前上昔有龍王廟，踪迹雖滅，神聖有靈。公議兼修，但工程浩大，獨力難成。爰舉糾首十五人，經理募化。自是本村外鄉樂爲施捨者不乏其人，五六年間積資約在六百餘千。道光二十八年春季興工，閱至二十九年工始告竣。載有餘，上下廟貌乃一齊整新焉。此雖社人虔心所致，亦四方仁人君子共襄盛事，有以成之也。是爲序。

……生員蔡清□敬撰。

（以下功德人等芳名略而不錄）

河津石匠黃大行敬刊。

大清道光二十九年歲次乙酉葭月立。

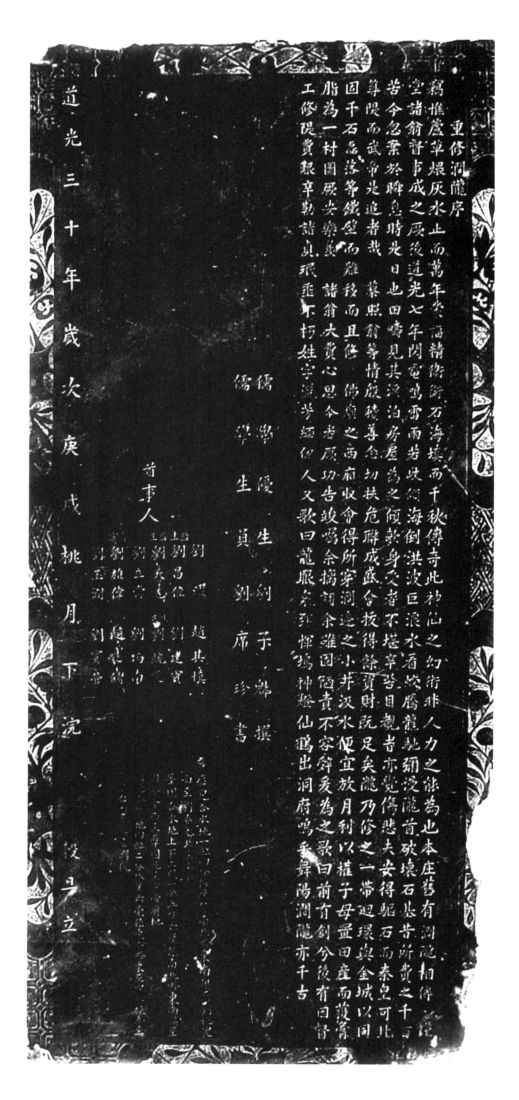

重修洞龍序

道光三十年歲次庚戌桃月下浣穀旦立

755. 重修澗隴序

立石年代：清道光三十年（1850 年）

原石尺寸：高 140 厘米，寬 54 厘米

石存地點：臨汾市洪洞縣堤村鄉堤村

重修澗隴序

竊惟蘆草煨灰，水止而萬年蒙福；精衛銜石，海填而千秋傳奇。此神仙之幻術，非人力之能為也。本庄舊有澗隴，相傳□□堂諸翁督事成之。厥後道光七年，閃電鳴雷，雨若峽傾海倒，洪波巨浪，水看蛟騰龍馳。彌漫隴首，破壞石基，昔所費之千百苦，今忽弃於瞬息時。是日也，田疇見其漂泊，房屋爲之傾欹。身受者不堪辛苦，目睹者亦覺傷悲。夫安得驅石而秦皇可比，築堤而武帝是追者哉！黎照翁等情殷積善，念切扶危，聯成盛會，拔得餘資。財既足矣，隴乃修之。一帶迴環，與金城以同固；千石磊落，等鐵壁而難移。而且修佛廟之西厢，收會得所；穿澗邊之小井，汲水便宜。放月利以權子母，置田産而獲膏脂。爲一村圖厥安樂，羨諸翁大費心思。今者厥功告竣，囑余摘詞。余雖固陋，責不容辭，爰爲之歌曰：前有創兮後有因，督工修堤費艱辛。勤諸貞珉垂不朽，姓字流芳緬伊人。又歌曰：隴眼泉，到惲塢，神燈仙鶴出洞府。嗚乎！舞陽澗隴亦千古。

儒學優生劉子魁撰，儒學生員劉席珍書。

（以下首事人芳名等略而不録）

道光三十年歲次庚戌桃月下浣穀旦立。

道光三十年暑月穀旦立

吏部候銓儒學訓導丙戌明經進士宗鄔張師戴模文

本社後學儒生心耕牛書丹田書璧

水南村經理首人牛耀辰常養春周成業董廷璧周宏福

常丹春周廷璧董宏福奏宇法李宇

周綿祜秦宇法李宇

756. 創建同善橋記

立石年代：清道光三十年（1850 年）

原石尺寸：高 189 厘米，寬 71 厘米

石存地點：運城市夏縣水頭鎮付家莊村東三官廟

〔碑額〕：皇清

創建同善橋記

昔者聖王慮民之病涉也，徒杠輿梁歲有成，期後世以石易木，庶一勞而永逸矣。然而其費甚煩、有力者寡卒不數數覯。余邑涑水出中條，中條自永濟風陵渡至絳縣之橫嶺關，綿亘四百餘里。山峪諸水支分匯流，一發於橫嶺，由東達西，歷六邑而入河。橫截南北孔道，不惟隆冬冰不可渡，即秋雨泥濘，夏漲泛濫，□亦未可易，言有望洋而嘆、臨流而返已耳。嘉慶甲戌，水南村諸社議建橋通衢而力不逮，遂托周進德、牛拱臣、牛建誠在外募化。得客商所捐銀二百六十餘兩，由江蘇會到陝之涇陽縣天成和號營運□儲其息，邇來總會本利銀千兩有餘。橋可修矣。第以人心如面，未能蕆事。遲之道光庚戌，鳩工庀材，而原議處苦無橋基，不得已□□□□□明基址均係地主捐施，且喜鄰莊好義者同襄盛舉。越兩月而功竣，題其名曰同善。明功之成於眾人也，余因之有感……于皆貴顯宗，蔡襄守泉州，於府城東北洛陽江海口渡修萬安橋，費金錢一千四百萬，子孫亦……京率皆以修橋獲福。茲橋之成，捐助者或亦有是報乎。夫報與不報縱不敢知，而……者多凶，視考祥凛壯址又何不可，因此橋之利涉而穆然思懔然悟也哉。橋既成，董後者屬余記其事。余謹陳其顛末并……未有橋而人懷過涉之憂，既有橋而群沾利濟之益，此固人所共知，無俟余言之贅也。是爲記。

吏部候銓儒學訓導丙戌明經進士宗鄒張師載撰文，本社後學儒生心耕牛書田書丹。

水南村經理首人：牛耀辰、常再春、周綿祐、常養春、周成業、秦守法、周廷璧、董宏福、李宇。

道光三十年暑月穀旦立。

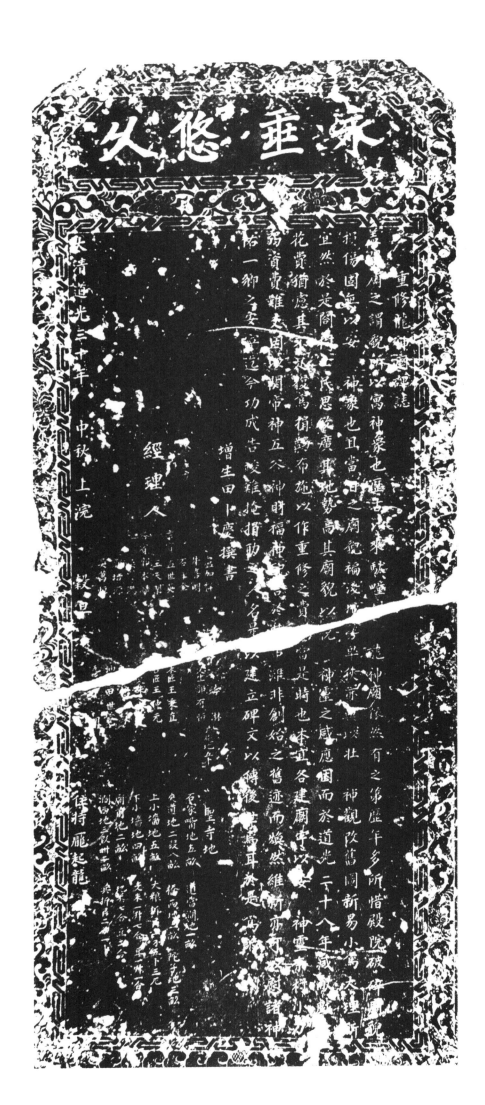

757. 重修龍神廟碑誌

立石年代：清道光三十年（1850年）

原石尺寸：高165厘米，寬66厘米

石存地點：大同市渾源縣西留村鄉西留村

〔碑額〕：永垂悠久

重修龍神廟碑誌

盖聞廟之謂貌，所以寓神像也。歷古以來，馱疃□龍神廟依然有之。第歷年多，所惜殿院破碎，廟貌損傷，固無以安神像也。且當日之廟貌褊淺，地勢卑狹，亦無以壯神觀。改舊圖新，易小爲大，理所宜然。於是，閤村士民思欲廣其地勢，高其廟貌，以悦神靈之感應。因而於道光二十八年，減献戲□花費。猶慮其不足，復爲捐蠲布施，以作重修之費□。當是時也，本宜各建廟宇，以安神靈，奈村小力弱、資費難支，因以關帝神、五谷神、財福神配合於其中。雖非創始之舊迹，而焕然維新，亦可以慰諸神，佑一鄉之安寧。迄今功成告竣，難掩捐助之人名，是以建立碑文以傳後世焉耳。於是爲誌。

增生田卜慶撰書。

經理人：虞加祥、牛喜明、石永奎、耆賓孟世英、王天明、耆賓郭本□、□□□、郭培源、吳萬恒。

聖寺地：石家嘴地五畝，道當澗地一畝，夾道地二段八畝，橋西地三畝，陀子地三畝，上小墻地五畝，大粮折銀一兩五錢三，下小墻地四畝，大米一升七合、豆一升一合，廟前地二畝、玘米七合、豆二合，澗西地三段卅二畝，共折銀二兩一錢。

施捨人：李淋、文生、郭有恒，共施地五十。

木匠：王秉直。□匠：王仲元。□□：朱□□。油□：田世寬。瓦匠：□□□。

住持：龐起龍。

大清道光三十年中秋上浣穀旦。

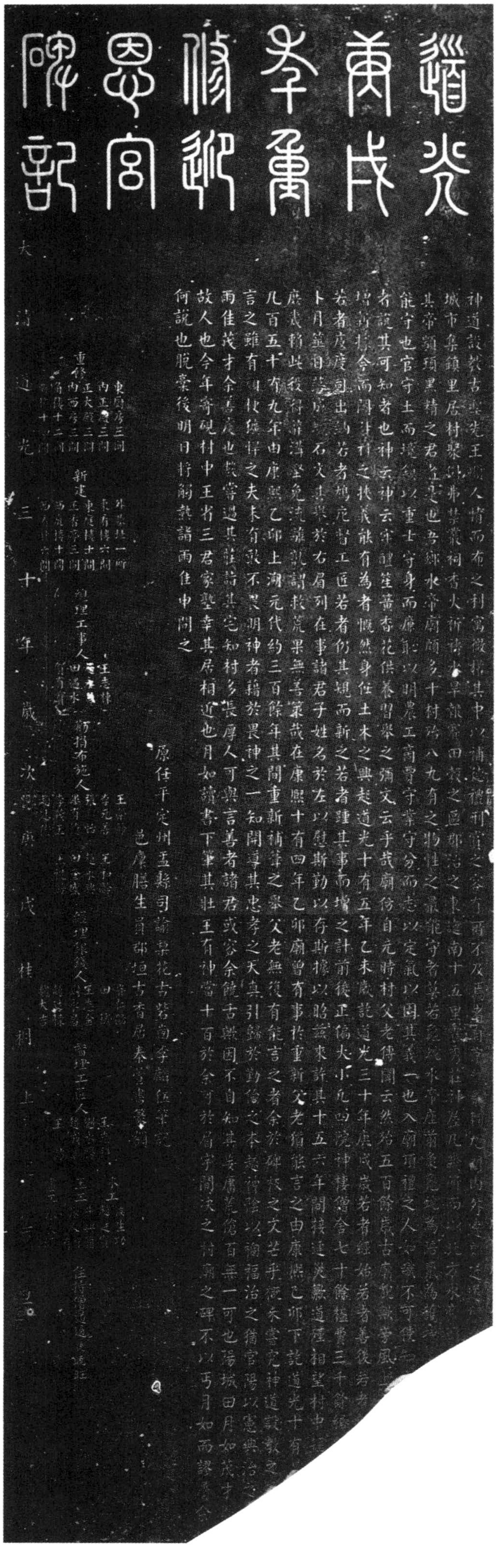

758. 重修迎恩宮碑記

立石年代：清道光三十年（1850年）

原石尺寸：高230厘米，寬70厘米

石存地點：晉城市澤州縣金村鎮霍秀村迎恩宮

〔碑額〕：道光庚戌年重修迎恩宮碑記

神道設教，古聖先王順人情而布之利，寓微權其中，以補德、禮、刑、賞之容有所不及焉者。自京都、畿輔、九門內外、遠郊近□□□□城市、集鎮、里居、村聚，例弗禁叢祠香火、祈禱水旱、報賽田穀之區。郡治之東迤南十五里霍秀莊，神屋凡幾所，而以北方水帝廟□□，其帝顓頊，黑精之君者是也。吾鄉水帝廟頗多，十村殆八九有之。物性之最能守者，莫若龜蛇。水帝座前象龜蛇為陪，貳為護□□□能守也。官守土而境鎮以重，士守身而廉恥以明，農工商賈守業守分而志以定氣，以固其義一也。入廟頂禮之人如織，不可使知□□者。説其可知者也神云神云。牢醴笙簧、香花供養習舉之，彌文云乎哉！廟仿自元時，村父老傳聞云然，殆五百餘歲古廟貌歟？旁風上□□增新，據今而闕往。

村之挾義能有爲者慨然身任，土木之興起道光十有五年乙未歲，迄道光三十年庚戌歲。若者經始，若者善後，若者……若者庋度司出納，若者鳩庀督工匠，若者仍其規而新之，若者踵其事而增之。計前後正偏大小凡四院，神栖僧舍七十餘楹，費三千余緡，□□□□卜月筮日落成。□石文其舉於右眉，列在事諸君子姓名於左。以慰斯勤，以存斯據，以昭茲來許。其十五六年間，接連災歉，道殣相望，村中短□□□□庶幾賴此役得辭溝壑、免流離，孰謂救荒果無善策哉？在康熙十有四年乙卯，廟曾有事於重新，父老猶能言之。由康乙卯下迄道光十有□□□□，凡百五十有九年，由康熙乙卯上溯元代約三百餘年。其中重新補葺之舉，父老無復有能言之者。

余於碑板之文，芒乎概未嘗究，神道設教之□□言之，雖有□梗獷悍之夫，未有敢不畏明神者。藉於畏神之一知，開導其忠孝之天真，引歸於勤儉之本趣。神陰以禍福治之，猶官陽以憲典治之□□雨佳茂才，余善處也。數其過其莊、詣其宅，知村多長厚人，可與言善者，諸君或容余饒舌歟？因不自知其妄庸荒傖、百無一可也。陽城田月如茂才，雨□故人也，今年寄硯村中王省三君家塾，幸其居相近也。月如讀書下筆，其壯士有神當十百於余，可於眉宇間決之，村廟之碑不以丐月如而謬屬余，□何説也。脱稿後明日，將觸熱詣雨，佳申問之。

原任平定州盂縣司諭、黎花古寨西李鱗伍筆記。

邑廩膳生員、郡垣古香居秦萱書篆額。

重修東厨房三間、內正殿三間、正大殿三間、內西房三間、角樓十二間、舞樓十四間。

新建外基址一所、東看樓六間、東庭樓十間、正香亭三間、西庭樓十間、西看樓六間。

總理工事人：王志棟、□□□、田遇水、賀有寶。勸捐布施人：王榮齡、李元善、張怡、畢有德、李茂玉、趙廷俊、王和齡、趙永興、田奎盛、王祝齡。經理銀錢人：崔仁齡、田□、王志金、劉永昌、趙廷棟、魏大吉。督理工匠人：王志科、劉永勝、趙成□、王訪。木工：侯生功、趙廷寶。玉工：牛興□、張人□、張人□。畫工：張長源。

住持僧道通，□曉旺。

大清道光三十年歲次庚戌桂月上浣吉旦。

新建□龍天廟醮記

禮曰山林川谷邱陵能出雲爲風雨而見怪物者曰神又曰凡祭有其廢之莫敢舉也有其舉之莫敢廢也一龍天神之能出雲爲風雨者也首慨擧之今敢廢于武村南三里許地名廟涯舊有一龍天廟廟無碑石可拷不知也其廟之建矣者幾何年亦不知重於是者幾何年廟舊前挂古鐘一口鑄嘉靖三十六年戊始建於是年歟後人不得而知也秋廟之時一年時憲書其重修於是年也可信第自有興汾汾之愛此廟院所重餘地剏涯不入一大曠拜考卷之道光二十九年兩剏其間二卯邦重修者無奈代遠年湮河水新突大清乾隆五十一年兩剏其間二卯於此上羅剏三村皆自有闕靖日者擇一可以杖三村廟宇上舊羅峯雨崩考卷之若於廟涯移此廟靖日者擇一也可建廟宇爲興羅峯村首鴻工庞材經理其事各捻陸雨外亦裝塑

神像坐茨之丹艧之至道光二十九年兩村位老
神像中茲乾隆五十余地敕惟其備裝布施共出銀柒拾村父老

大清道光三十
九月歲丑

己是爲記

759. 新建龍天廟碑記

立石年代：清道光三十年（1850 年）
原石尺寸：高 149 厘米，寬 65 厘米
石存地點：陽泉市盂縣萇池鎮羅掌村龍王廟

〔碑額〕：咸與維新

新建龍天廟碑記

《禮》曰："山林、川谷、邱陵能出雲爲風雨，而見怪物者曰神。"又曰："凡祭有其廢之，莫敢舉也；有其舉之，莫敢廢也。"龍天，神之能出雲爲風雨者也，昔既舉之，今敢廢乎哉？村南三里許，地名廟涯，舊有龍天廟。廟無碑石可稽，不知建立者幾何年，亦不知重修者幾何年。廟簷前挂古鐘一口，鎸嘉靖三十六年，或始建於是年歟？後人不得而知也。移廟之時，神像中藏乾隆五十一年時憲書，其重修於是年也可信。第自有明嘉靖三十六年至大清乾隆五十一年，兩朝革故鼎新，其間二百餘年，又不知重修者幾次。竊聞上下羅嶂三村皆在此廟祈風禱雨。厥後下羅村河西另建廟宇。上羅、羅嶂兩村，春祈秋賽仍於此廟禮拜。無奈代遠年湮，河水衝突，不免桑田滄海之變。廟院所留餘地，臨涯不及一丈，瞻拜者危之。道光二十九年，兩村父老公議，欲移此廟，請日者擇一可以栖神處。至上羅、羅嶂兩山之間曰杏雨山，見其山重嶺峻，又有天造地設之石蓮洞，由此即神景第一也，可建廟宇焉。閏四月十九日移廟，兩村糾首鳩工庀材，經理其事。各按地畝攤錢，以備費用。上羅村布施共出銀柒拾柒兩捌錢外，又募化布施銀壹百叁拾柒兩貳錢。羅嶂村布施共出銀叁拾陸兩外，亦募化布施銀貳拾壹兩伍錢。石蓮洞裝塑神像，洞口累一磚圈，西邊三面砌起石墻，上建一正殿，亦裝塑神像，墍茨之丹雘之至。道光三十年九月二十三日，而功始告竣。視舊日廟涯之規模所增無多，而建立於永久不壞之地。此神有所憑依，兩村之人心亦可少慰已。是爲記。

邑人甲午舉人吳悅嬰撰文，邑人增廣生員吳悅鮹篆額，邑人儒學生員吳雅人書丹。

（以下經理糾首姓名略而不録）

大清道光三十年九月穀旦勒。

760. 重修五龍聖母廟碑記

立石年代：清道光三十年（1850 年）

原石尺寸：高 148 厘米，寬 66 厘米

石存地點：臨汾市汾西縣團柏鄉灘里村五龍聖母廟

〔碑額〕：萬福攸同

且夫創建有時，成功有日，古人一大概也。灘裡，古鄉也，舊有五龍聖母廟一座。余生也晚，不知創自何年，□□何日。遠無碑迹可誌，唯有古鐘姓字，建自天啓六年，至今二百餘載。歷年□□，風雨飄搖，殿宇恒多傾頹之嘆，基址催殘，牆壁難免坍塌之形。觸於目者，無不感於心也。兹村中有數人□其一時興起者，同心協力，趨事赴功。前此正殿廈房，今則改爲磚窑，南邊小廈振爲樂亭，所有東西兩方俱已成全。豈非創建有時，成功有日，其廟宇不已焕然改觀哉？今日者工程告竣，勒石垂名。雖藉村人之力，衆人之資，實神人之助也。

本社儒學增廣生員柏廷儀謹撰，本社太學生郭秉汾敬書。

香首：郭繼文、郭興彦、郭萬鎰、□□然。糾首：郭逢□、郭士□、郭九□、郭百紅、郭清□、郭雲集、□生柏□儀、郭元烈、郭興良、郭忠恕、郭五行、郭生良、要永春、郭廷樑、郭種興、郭廷玉、郭周堂、郭占奎、柏天錫、郭五奎、柏天申、郭丕山、柏如蘭。

郭有仁、郭士申二人捨地叄分，郭繼湯捨地一分，郭維相捨地二厘。

泥匠：朱□謨、陳榮孔、張西□。

木匠：秦良通、郭丕基。

丹青：郭生蘭、郭文明。

道光叄拾年歲次庚戌陽月穀旦立。

重修大土廟碑記

憶昔禹王治水而後九州貢賦四海會同而明以得乎人食之為寶出以荷夫□軸之麻斯地本多山而□山神之祀於村村有之
至言水神之祀則自西目東自南白北計百里許惟斯鎮琉珹西有
金龍四大王神廟其祀事每獨隆焉考諸碑碣其正殿三楹西廡三楹東廡三楹西北二角殿乃前明萬曆年間所被造逮
牛代次遠屢風雨刻零校剥啁頁卓基過之而莫知其時窗橋代葬薪沒馬目觀神傷以福為田之倡□
和汝之念因心種果欲恕頹少成多之懷自本鎮以及遠方咸勃勃乎樂助其資財由正殿以遠各廡皆巍巍然項改大形貌
美宜美輪復規模於始建育堂昔護彰藁甑者於重修論地固因神而靈而廟恐得人為守境增修禪室四間又新疊良田十
敢吳安住持焚修灑掃人之誠既無微不盡神之靈自有感咸通將見河而故道海不揚波水稳舟平神喜人悅克遠利
欲之心用鎸芳名於石是為誌

施財並芳名剋□□

經理會首

張仰山 郭廷弼 張奎

侯興 張振基

邑庠生敏橋范成蕙謹撰並書

主持行僧

郭如蘭 郭廷楷

玉工張嵩麟

梓工張惟一 郭新泰

繪工郭東鑑

761. 重修大王廟碑記

立石年代：清道光三十年（1850 年）

原石尺寸：高 158 厘米，寬 60 厘米

石存地點：晋城市澤州縣周村鎮周村

重修大王廟碑記

憶自禹王治水而後九州貢賦，四海來同，而明以得乎人之力，實幽以荷夫神之庥。斯地本多山，而山神之祀村村有之。至言水神之祀，則自西自東、自南自北，計百里許，惟斯鎮城西有金龍四大王神廟，其祀事稱獨隆施焉。考諸碑碣，其正殿三楹、東廡三楹、西廡三楹、東北西北二角殿乃前明萬曆年間所創建，迄今年代久遠，風雨飄零。榱桷傾草莽，過之而莫知其時；窗櫺代樵薪，没焉而難追其迹。闔會執事目睹神傷，以福爲田，遂起倡予和汝之念；因心種果，欲慰積少成多之懷。自本鎮以及遠方，咸勃勃乎樂助其資財。由正殿以逮各廡，皆巍巍然頓改夫形勢。美奂美輪，復規模於始建；肯塗肯臒，彰藻繪於重修。論地固因神而靈，而廟必得人爲守。故增修禪室四間，又新置良田十畝，爰安住持焚修、灑掃人之誠，既無微不盡，神之靈自有感咸通。將見河循故道，海不揚波，水穩舟平，神喜人悦，克遂利濟之心。用鎸芳名於石。是爲誌。

邑庠生畎橋范成蕙謹撰并書。

經理會首：侯興、張仰山、郭俊雅、郭如蘭、張振基、郭廷弼、張奎、郭廷楷。

住持：行儒。

玉工張嘉麟，梓工郭新泰、張惟一，繪工郭秉鑑。

施財芳名列□。

762. 重修龍王廟碑記

立石年代：清道光三十年（1850 年）

原石尺寸：高 150 厘米，寬 59 厘米

石存地點：運城市夏縣祁家河鄉東莊村

〔碑額〕：萬世不朽

重修龍王庙□□

今夫創始者前人□□，□□者後人之事，若東庄一西山頭，一西……龍王廟也，由來久矣。稽其碑記，□□□重修已屢，坡□□補葺□□不……之後□今已久，風雨所摧，墙垣既已非舊，□□□□棟題不復如……三間，東廊三間，不意飢饉□□□□□聊生不得……五十千文□將左黑虎□□□聖母宮以……捐資□成其事，以爲修□□不能廣其用，則不……焉。

平邑西庄村……

本社……

（以下衆布施人芳名漫漶不清，略而不録）

大清道光三十年歲次丙戌□□完工。

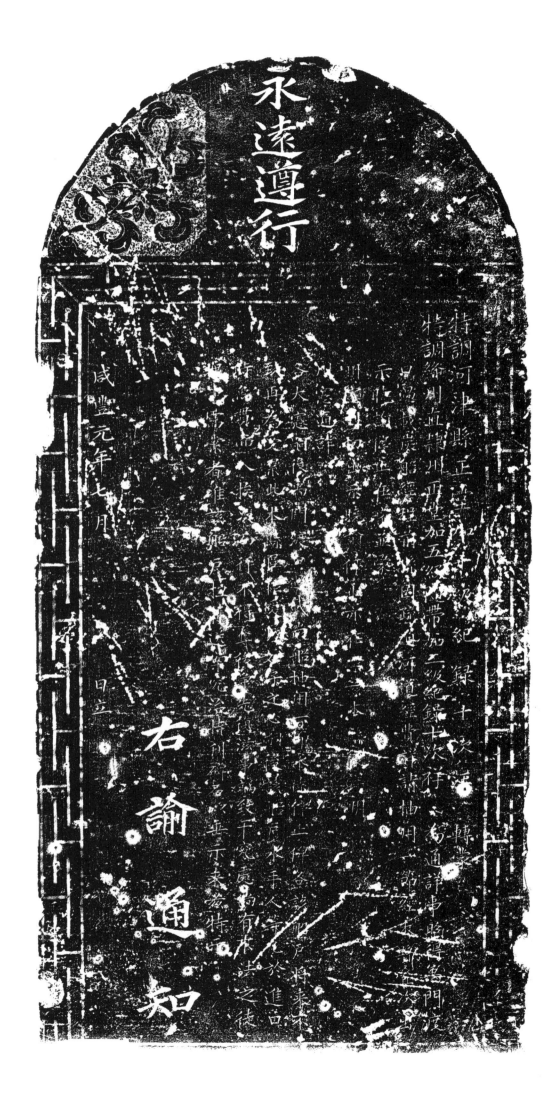

763. 禹門渡口過往炭船抽用停止碑記

立石年代：清咸豐元年（1851 年）
原石尺寸：高 102 厘米，寬 48 厘米
石存地點：運城市河津市博物館

〔碑額〕：永遠遵行

特調河津縣正堂加十級紀錄十次汪，轉蒙特調絳州直隸州正堂加五級隨帶加二級紀錄十次祥，爲通詳事，照得禹門渡口，過載炭船，經程前縣因疏通河道經費詳情抽用一節。經本縣叠次出示曉諭停止在案，并蒙州□刊切出示，曉諭停止，亦在案一本，□□詳明州憲通許各大憲。嗣後禹門渡口過載商船，抽用一節，永遠停止，俾各該船户將來不致再爲受累。此本縣區□愛民如子之心。嗣後該船户水手人等，凡於進口時，魚貫而入，挨次而行，不得奪後爭先，復滋事端，致干究處。倘有不法之徒□事需索者，准該船户控獲送案究治。特刊碑石，以垂示來兹。

特示。右諭通知。

咸豐元年七月日立。

764. 重修黑龍廟碑記

立石年代：清咸豐元年（1851年）

原石尺寸：高144厘米，寬62厘米

石存地點：運城市垣曲縣解峪鄉堯村黑龍廟

且以人之於物也，皆欲争先以爲主。而獨山川之毓秀，人如爲主，而不得廟宇之創修，人欲不爲主，而不能吾於主物者之有無久矣。至此而直信其無，信其無將遂置訛，可有可無之數而弃焉，如遺□而然也，則無也，而終歸於有。余社東北隅數里許，有曰黑龍潭，其峰萃然，起于蒼莽之中，亘數十里，尾蟠荒陬，首注大溪，引領而起，勢欲騰霄。或曰此條山尾也，四面而懸崖森羅，宛若画屏，下焉而清潭聯絡，形如行帶，是盖有靈秀主人，巧爲施設者矣。□以上接太空，下臨深壑，固周王之馬迹不到，亦謝公之屐齒難及。然猶始建黑龍廟，繼建玉皇殿并聖母宮、仙姑室與玄舞楼、僧房，罔弗整備。而説者曰：是皆在昔主事之數人。地主云婁氏及諸記感應，倡重修之，縣主愈公、趙公、劉公有以共咸盛事者也。近年來庙貌、神像、聖駕、道路被風雨之飄摇者甚，余社諸君子募化本社，易材埴瓦，綴金施碧，不日而功告峻〔竣〕。囑余爲文，以誌貞珉。余顧謂諸君子曰：是役也，爾等痒瘃，爾等拮据，固慨然以爲主者矣，抑知有所以不自主者乎？不然昔之主事創建者，胡爲突然而起事；昔之地主樂輸者，胡爲慷慨以從事；即昔之縣主愈公、趙公、劉公，胡爲而記感應事，胡爲而倡重修事？是皆有靈妙之主，潛爲驅迫者矣。然今之代主于往昔，尤望後之代主于今日，此吾之所爲□其無，而終歸于有也矣。是爲叙。

邑庠生員王廷瑊校閱書丹，邑庠生員王廷珪撰文。

三社公議，禁止：庙圪塔上草木，人等不得損傷，牛羊不得上山。如若上山損傷，拿住一个，罰錢壹千，拿獲者得錢六佰，四佰入官。倘有不尊法規者，公治禀官究治。

作首人：皇恩李如官捐錢五佰文，張允知捐錢八佰文，皇恩張法雲捐錢八佰文，楊辛敖捐錢九佰文，皇恩張步鼇捐錢一仟文，張允集捐錢一仟文，丁書元捐錢一仟八佰文，文乘乾捐錢貳仟文，監生王廷瑛捐錢貳仟五佰文，車爰諧捐錢叁仟文，庠生文應麟捐錢拾仟文，武舉王廷琦捐錢伍仟文，庠生文亭捐錢叁仟文，皇恩張自傑捐錢貳仟文，李景德捐錢一仟五佰文，袁中貴捐錢一仟五佰文，皇恩辛連舉捐錢一仟文，張起秀捐錢一仟文，文定乾捐錢八佰文，王魁元捐錢八佰文，王还捐錢八佰文，趙九印捐錢七佰文。

稷邑石工劉體元施錢五佰文。

咸豐元年歲次辛卯七月吉日刊石。

765. 重修觀音閣碑記

立石年代：清咸豐元年（1851 年）

原石尺寸：高 133 厘米，寬 54 厘米

石存地點：臨汾市汾西縣和平鎮和平村觀音閣

〔碑額〕：重修碑記

是鄉坎□□脉，□方結局，土肥美，泉甘冽，固邑南惇厚之里也。然丑寅過高，未曰甚卑，氣若奔駟，□□泻溜……精堪輿者咸謂地脉太疾，宜於增補。以故村之先哲於西南一方建有觀音、土地、岱神廟，固□以爲神憑依，且飾以補助風水也。乃歷年已久，不無傾頹，村人每欲重修而新之，□工非□□，財不天來，區區一村，何能猝辦。爰出義疏以及四方，惟輕財好施者出囊，餘以襄斯事□□財既云阜，大殿益賒。不特增其舊制，巍然其形，又建……牛王、馬王廟，一標於舊廟之南，一列於舊廟之西。故者易新，無者創建，赫赫奕奕，何其□歟。然□人……當永其名。茲功程告竣，將勒諸貞珉，而不可不記其顛末焉，因囑記於余。余不文，又不樂爲鋪張之辭，亦略述其梗概云爾。

邑儒學生員郭暄撰。

（以下捐施人等姓名及銀兩略而不録）

咸豐元年歲次辛亥八月上浣之吉。

龍王廟墓緣姓名碑記

凡事豫則立不豫則廢而況於
神夫嘗謂有不可……
龍宮自補修後仍舊之規模雖甚簡而泰……
鋒而於山東浙蘭等慕化銀五十……兩而……
銘曰神功偉兮造湯八方……
其典本生息以……
祈其靈應顯兮……
邑庠庫……
庫……
生鄉飲介賓楊清涛……
銘謹書冊

……行……
……
……
……廣豐德錫……
……德興誠
……三壹
……
協德炭……
……依永興……
……廣積……
……德……
……永順恕
……天清峨豐……
……歲次辛亥仲冬穀旦

766. 龍王廟募緣姓名碑記

立石年代：清咸豐元年（1851 年）

原石尺寸：高 120 厘米，寬 54 厘米

石存地點：陽泉市盂縣秀水鎮劉村

龍王廟募緣姓名碑記

凡事豫則立，不豫則廢，而況敬神大事，詎有不豫爲□者乎？賈村舊有龍宮，自補修後，仍舊之規模，雖較前可觀，而未成之事業，於後有奢望。因謀諸劉公勵鋒，而於山東浙蘭等募化銀五十七兩零。勒石使錢□千文，其餘銀五十二兩，望其由本生息以備後用。此好善不限遐邇，而神功真無遠弗屆也。銘曰：

神功偉兮浩蕩八方，靈應顯兮彌合汪洋。

禱其風兮調而且和，祈其雨兮順而且甘。

保本境兮配天罔極，佑方外兮匝地無疆。

邑庠生鄉飲介賓楊清藻撰文，邑庠生張德銘謹書丹。

時生行、玉興行各施洋銀三圓；□□嚴永興、廣積成、廣豐德各施洋銀二圓；趙復興行施銀四兩； 協德成、昌興德、天錦、德興誠、德盛誠、永順德、三益孫、聚隆成、聚成趙、純一成、三美成、 謹思永、三合趙、聚源涌、萬億涌、隆昌永、興盛德、□□陳恒順、無錫姜大成、晋恒泰、全昌棧、山東公興隆，以上各施洋銀一圓；□江□□興，□□石興順，□村永順店、萬順田……

大清咸豐元年歲次辛亥仲秋勒。

黄河流域水利碑刻集成·山西卷　六

脩橋碑記

咸豊元年閏八月十五日立

767. 修橋碑記

立石年代：清咸豐元年（1851 年）
原石尺寸：高 108 厘米，寬 53 厘米
石存地點：呂梁市離石區鳳山街道西崖底村虎麓寺

〔碑額〕：修橋碑記

今之好施者，不曰修祠，而曰濟人者，何抑以修祠之未勝於濟人耳。盖修祠而作一村之保障，未必其所及之廣，濟人能解一時之困厄，未必其所貽之久。然則欲其可大可久，惠及萬姓，恩留百年，其橋梁一役者乎！彼汾一曲，我州居其鹵城西五里許西崖後村，有東、北兩河，礦以衆山，襟以大河，其爲地險而且隘，往來之人繁而且頻。先君子舊建木橋二座，歷年久遠，河水之衝漫者，几壞其基址，而砌石之坍塌者，復碍人馬之足，往來人傷之而無奈。我後村衆等目擊情事，慨然欲步先人之后武，爰是聚族商議，按地公攤，衆皆悦之。每畝攤鈔肆拾文。破者補之，損者益之，意欲一人而惠及於萬姓，一日而恩留於百年。又恐年久掩没，請余爲序。余不揣固陋，搦管而爲□，以使永垂不朽云。

郡庠生張忠顔撰并書。

經理趙國棟、趙興瑞、趙恩玉、趙生中、趙生清、趙恩元、趙廣元、趙樹花，同施钞壹千。

本廟住持慧明，徒能淶。

咸豐元年潤〔閏〕八月十五日立。

768. 重修玄天廟觀音殿聖母廟北閣河壩碑記

立石年代：清咸豐二年（1852 年）
原石尺寸：高 104 厘米，寬 68 厘米
石存地點：大同市靈丘縣東河南鎮東河南村

〔碑額〕：永垂

重修玄天廟觀音殿聖母廟北閣河壩碑記

嘗思神無常享，享於克誠。誠也者，固神人所……神宰以誠，而神化之及人，遂昭遍於寰區。人宰以……殆訢合於無間歟！是以神之佑人也，蕩掃塵氛，阿……宏修祠宇特隆。薦享屢潔，香火禮儀備陳，即虔誠備……靈邑東河南鎮舊有玄天廟、觀音閣，屢年剝……老紳士，因議集眾興工，輸金庀材，罔不誠心效力，朝夕從……餘，遂覺棟楉鮮明，院宇整肅，神像廟貌較前倍森嚴矣。……河岸堤壩兩道，是更所以謹管鑰，培地脉，防灾禦患，而不憚……一足之烈，或可藐視其功也。由此觀之，則人之經營締造，竭力……鑒觀陽受陰感，諒必用錫民福於無疆，初非謂人有私祝於神祠……應，其理良不誣耳。倘曰不然，彼古人垂訓之旨，業有明徵，夫果何……

丙午科舉人唐林張蘊璧撰文，本村優廩生王鴻藻書丹篆額。

經理人：庠生李□、介賓鄧景□、□□白□、介賓王錫……

□□咸豐二年歲次壬子孟夏之吉。

769. 重修水神山廟碑記

立石年代：清咸豐二年（1852 年）

原石尺寸：高 146 厘米，寬 65 厘米

石存地點：陽泉市盂縣孫家莊鎮大吉村烈女祠

重修水神山廟碑記

蓋聞德之發於性真者，其精爽常留於天壤，其愛敬常著於人心。故雖時移世改，而人之景仰，而俎豆者愈久而愈不□□理，有固然……里有水神山，境屬慶三都，上建柴華聖母祠。聖母者，後周世宗女也。當國祚促移，誓死靡他。其貞烈之風，克光千載；其慈惠之澤，普被一方。邑人立廟祀之，□八九百年於斯矣。第廟之建也，□□而風雨之摧剝甚易；村之居也遠，而渙人工之修築頗艱。以故十數年來，棟宇欹側，墙壁傾頹，雖屢經會議，迄無成功。余目擊心傷，因與同志數人，□□□□善士，共謀捐修。爰募得二千餘金，以鳩工而庀材。由是正殿則改墻而易宇，兩廊則仍舊而增新。於痘神祠，則建小□，於修真洞，則加前□。又於正門外，□修東屋三楹，西屋六楹，大門一座。其他量力而加工，隨地而增補者，亦無不各臻於完固焉。高高下下，炳炳麟麟，使登是山者，睹殿宇□□□立，於□□□□之間。金碧輝煌，掩映於翠柏蒼松之上，莫不快心怡目，如游武夷之勝境，而入蕊珠之仙宮也。謂非聖母靈异，默感斯人，其能致此盛舉乎！是□也，□□於辛亥四月，告竣於壬子七月。余雖忝居總領，而其盡心而分理者，端藉諸公之力，有以克底於成。余故備紀其姓名，以著於石云。

例授文林郎候選知縣庚子科舉人張玉潤沐手敬撰并書。

總理庚子舉人張玉潤。

（以下壽官等人名略而不錄）

大清咸豐二年歲次壬子桂月中旬穀旦。

770. 修路放水災碑記

立石年代：清咸豐二年（1852 年）
原石尺寸：高 41 厘米，寬 61 厘米
石存地點：呂梁市汾陽市三泉鎮新賢村福元庵

蓋聞水災之患，關乎王政，被害實於萬民。雖一村一家水之患，亦猶是也。爲人臣者，理國政以安民，爲社首者，理村事以安人，固爲一本。村中十餘年來，水災之患，已經數次，村人驚恐非常。社首者原□一村之政，而整百家之安，及集□□□□□商□，□□通街之道，爲免村人之□，恐成□□□□□最爲善處。遂於六月初六日鳩工，於二十七日□竣。合村人等知悉，自功竣之後，街道以及門外不准潑洒灰渣、糟土、碎磚瓦等，一概禁止。倘有不遵故犯者，一經查出，協同鄉地，立即送廟，經有總首裁處，定不寬恕。巡人獲得犯者一人，送廟賞錢五百文。倘有弊竇等情，再經查出，一規同罰。各户□灰渣等，俱送東西門外以北道路，坦平墊之。各宜遵照辦理，以重防災。咸爲同志，可垂不朽矣。

本村善之張萬寶謹書。

經理人：張思義、張士賢、楊富成、張士楷、王福照、張士杰。

大清咸豐貳年歲次壬子八月穀旦闔村公立。

清（四）

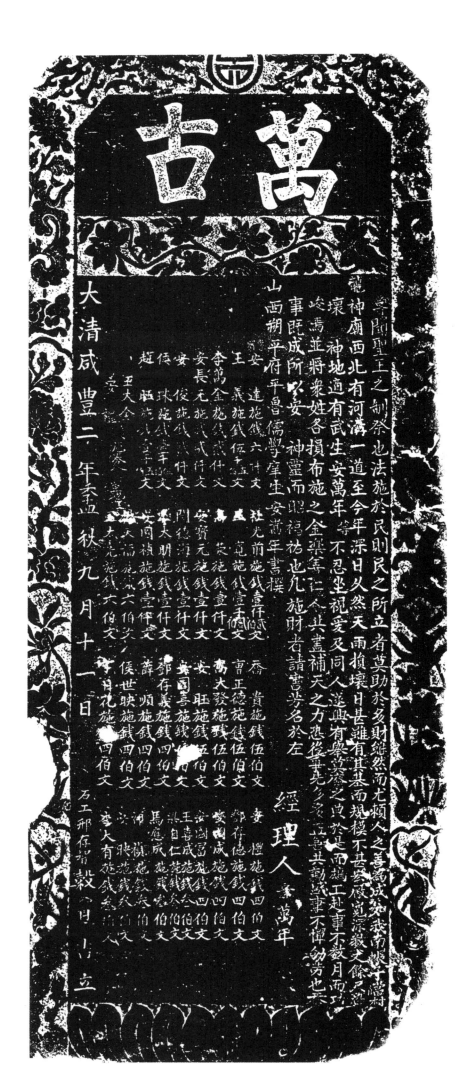

萬古

嘗聞聖王之制祭祀也法施於民則民之所立省莫助於多財雖然而尤賴人之善焉成矣求其順于嘗

堯神廟西北有河溝一道至今年深日久然天雨損壞日甚難有其基而規模丕甚荼威覽觀深衆矣餘已茲

壞既神地適有武生安萬年等不忍坐視愛及同人遂與有舉茲舉之良於是而糾工起事不數月而正

事畢成所以安神靈而昭禩祜也凡施財者諸芳勞名於左

山西朔平府平魯儒學庠生安萬年書撰

大清咸豐二年季秋九月十一日

　　　　　　　　　　　　　　　　　經理人　安萬年

王大全　　　　　　　　　　　　　　　　　石工邢存指穀　月吉立

771. 南仗重修龍神廟碑

立石年代：清咸豐二年（1852 年）
原石尺寸：高 138 厘米，寬 58 厘米
石存地點：朔州市平魯區雙碾鄉南仗村

〔碑額〕：萬古

嘗聞聖王之制祭也，法施於民，則民之所立者，莫助於多財，雖然而尤賴人之善爲成。如我南帳子當村龍神廟，西北有河溝一道，至今年深日久，然天雨損壞日甚，雖有其基，而規模不甚宏廠，寬深數丈餘尺，恐壞神地。適有武生安萬年等，不忍坐視，爰及同人，遂興有舉莫廢之典，於是而鳩工赴事，不數月而功峻〔竣〕焉。并將衆姓各捐布施之金，樂善仁人共盡補天之力，恐後爭先，多多益善，共襄盛事，不憚劬劳也。恭事既成，所以安神靈而昭福祐也。凡施財者請書芳名於左。

山西朔平府平魯儒學庠生安嵩年書撰。

經理人：安萬年。

耆賓安達施錢六仟文，王義施錢伍仟伍佰文，李萬金施錢貳仟文，安長元施錢貳仟文，安俊施錢貳仟文，侯珠施錢壹干伍佰文，趙旺施錢壹千五佰文，王大金、安禮野施券會窰地基，杜光前施錢壹仟貳佰文，□寬施錢壹仟貳佰文，高荣施錢壹仟文，安寶元施錢壹仟文，閆德海施錢壹仟文，李太朋施錢壹仟文，安國禎施錢壹仟文，□天福施錢六佰文，王太元施錢六佰文，喬貴施錢伍佰文，曹正德施錢伍佰文，高大發施錢伍佰文，安旺施錢伍佰文，安國喜施錢伍佰文，鄧存義施錢四佰文，薛順施錢四佰文，侯世映施錢四佰文，丁日花施錢四佰文，安禮施錢四佰文，鄧存德施錢四佰文，安國成施錢四佰文，安國富施錢四佰文，王喜成施錢叁佰文，梁自仁施錢叁佰文，馬應成施錢叁佰文，祁禎施錢叁佰文，安映施錢叁佰文，李大有施錢叁佰文。

石工邢存智。

大清咸豐二年孟秋九月十一日穀旦吉立。

嘉慶十二年秋修關帝廟碑記

竊思大義在天地大義亦在人心然則人心昌嘗有義也我觀古今來愚夫監予何有知識而每見義行
而稱揚之每聞義舉而欣慕之此亦可以見人心矣況乎大義行而切於我君臣滿其量義氣已塞乎宇宙
大義舉而篤於兄弟盡其分義勇已絶乎古今此豈當時則榮沒則已焉者之所為乎此豈非人心之所崇

奉無己者乎我府辰村喜慶寺舊有
關聖帝君祠考其祠建固始於住持昌浩至但河水阿衝已非佳地兩風兩剝難以安 神有昌浩曾孫駅輔
者欲湯下温為高燥思振奮而重新因集衆社共議重修惟時賀于束清等歲以為此義舉也此義事也此義舉也
惟此可以少 神靈而佑民物也爰圖墓化大興土木不數年而廟貌已巍然矣 聖像已煥然矣且
邊其地而更覽美犬大義在人心不益信於雖然人心好義無非 神之大義阿感也果其因所感而
父子之親夫婦之別朋友之信以及君臣兄弟之間皆由順正以行義則人心之義克全乎天地之義謂

經理人
非 神之阿護無己者與謹序

賀泰清 張輔清　　高時泰
域高佩璜　賦侯有義
馮純熙

儒學廩膳生員劉澍謹撰
劉天義曹元良　　　　　　　　敬敬書

佳持駅 輔等

河津刻字工薛世梓
　　　　　椿

772. 嘉慶十二年移修關帝廟碑記

立石年代：清咸豐二年（1852 年）
原石尺寸：高 188 厘米，寬 70 厘米
石存地點：呂梁市臨縣大禹鄉府底村關帝廟

嘉慶十二年移修關帝廟碑記

竊思大義在天地，大義亦在人心，然則人心曷嘗有義也。我觀古今來愚夫豎子，何有知識，而每見義行而稱揚之，每聞義舉而欣慕之，此亦可以見人心矣。況乎大義行而切於君臣，滿其量義氣已塞乎宇宙，大義舉而篤於兄弟，盡其分義勇已絕乎古今。此豈當時則榮，沒則已焉者之所爲乎？此豈非人心所崇奉無已者乎？我府底村善慶寺舊有關聖帝君祠，考其所建，固始於住持昌浩矣。但河水所衝，已非佳地，雨風所剝，難以妥神。有昌浩曾孫融輔者，欲易下濕爲高燥，思振奮而重新，因集眾社共議重修。惟時賀子泰清等咸以爲此義事也，此義舉也，惟此可以安神靈而佑民物也。爰同募化，大興土木，不數年而廟貌已巍然矣，聖像已煥然矣，且遷其地而更覺良矣。大義在人心，不益信哉！雖然人心雖好義，無非神之大義所感也。果其因所感，而父子之親、夫婦之別、朋友之信以及君臣、兄弟之間，皆由順正以行義，則人心之義克全乎！天地之義，謂非神之所阿護無已者與。謹序。

儒學廩膳生員劉澍謹撰，劉澂敬書。

經理人：介賓高時泰、監生賀泰清、武生高佩璜、劉天義、張輔清、監生侯有義、馮純熙、曹元良。

住持融輔等。

河津刻字工：薛世桐、薛世梓、薛世椿。

大清咸豐二年歲次壬子秋九月穀旦。

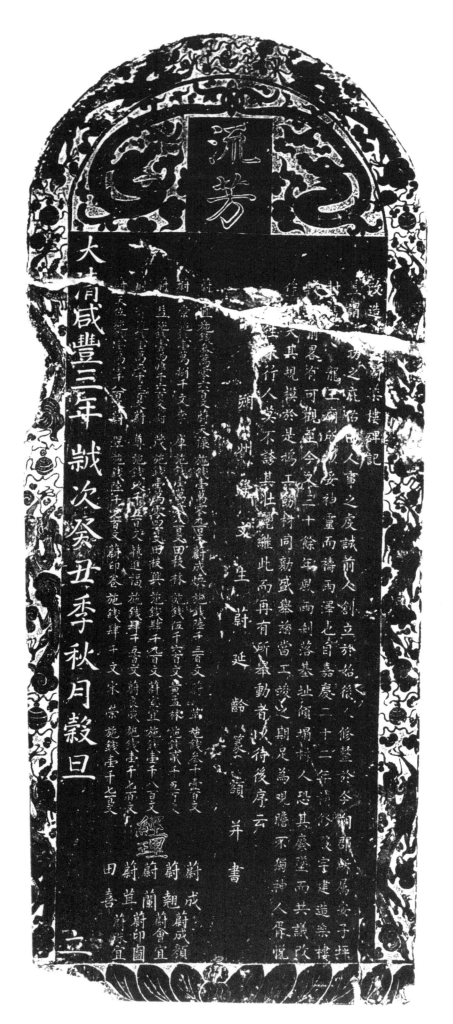

773. 改造龍王廟樂樓碑記

立石年代：清咸豐三年（1853 年）
原石尺寸：高 148 厘米，寬 59 厘米
石存地點：朔州市朔城區利民鎮安子坪村龍王廟

〔碑額〕：流芳

改造□□廟樂樓碑記

盖謂□功之庇佑，□人事之虔誠。前人創立於始，後人修整於今。朔郡所屬安子坪，村□□龍王廟，所以妥神靈而禱雨澤也。自嘉慶二十二年補修殿宇，建造樂樓，較□前略有可觀。至今又三十餘年，風雨剝落，基址傾塌。村人恐其廢墜，而共議改作，□□其規模。於是鳩工飭材，同襄盛舉。茲當工竣之期，足爲觀瞻。不獨神人胥悅，□□往來行人莫不誇其壯麗。繼此而再有所舉動者，以待後序云。

朔州學文生蔚延齡篆額并書。

蔚宜施錢叁萬零六百文，蔚天禄施錢壹萬零九百文，蔚成焕施錢陸千三百文，蔚苹施錢叁仟壹百文，蔚崇施錢壹萬捌千文，李庫施錢壹萬零八百文，田枝林施錢伍千六百文，黄孟林施錢貳千五百文，蔚益施錢壹萬叁千六百文，蔚茂施錢壹萬零四百文，田枝興施錢肆千九百文，蔚室宜施錢壹千八百文，□□□錢壹萬貳千三百文，蔚尊施錢玖千五百文，赫進福施錢肆千五百文，蔚良成施錢壹千七百文，蔚天位施錢壹萬壹千八百文，蔚翠施錢陸千七百文，蔚印卷施錢肆千文宋榮施錢壹千七百文。

經理：蔚成、蔚魁、蔚蘭、蔚茸、田喜、蔚成顔、蔚會宜、蔚印圖、蔚珠宜。

大清咸豐三年歲次癸丑季秋月穀旦立。

重修聖母廟碑記

大清咸豐三年歲次癸丑菊月

774. 重修聖母廟碑記

立石年代：清咸豐三年（1853年）

原石尺寸：高191.5厘米，寬78.5厘米

石存地點：太原市尖草坪區柏板鄉鎮城村聖母廟

重修聖母廟碑記

且聖人以神道設教，而神靈遂重於千古。況百族荷生成，萬世蒙庇佑，所以妥神靈而肅觀瞻者可忽乎哉？鎮城村舊有聖母廟，自明季至今屢經重修，但歷年已久，不無殘缺，而且規模卑隘，理宜修補。廟南置房院一所，地勢宏敞，村人公議改修。各捐己資，四外募化。將正殿重新，膳棚、樂樓皆移南焉，東西兩廊、鐘鼓二樓復新建焉。至於□偏殿則重□□，西偏殿則增修之。禪院一新，閈閎皆易。建碑厦，固垣墉，改優人之室於龍王廟住持地內。於是廟□□□，益昭威嚴之象；神靈赫濯，愈生恪恭之心。庶以妥以侑，聊報神恩萬一焉耳。經始於道光二十四年，落成於咸豐三年。今將出過布施姓名開列於後，以誌不朽云。

陽邑增生樊士箴敬撰，弟子劉映璧敬書。

總管：劉映祉、王錫、李春發、張兆穎、程鶴鵬、劉□軫、樊思謙、馬杞、史尚公、劉鳳翔、□□□。

（以下糾首及各工匠姓名略而不錄）

住持僧續登、續禪、續文，門徒本慶、本德，徒孫覺儒。

大清咸豐三年歲次癸丑辜月穀旦。

清（四）

775. 重修八龍廟龍神廟碑序

立石年代：清咸豐四年（1854 年）

原石尺寸：高 115 厘米，寬 70 厘米

石存地點：忻州市寧武縣石家莊鎮川湖屯村八龍廟龍神廟

〔碑額〕：□古常新

重修八龍廟龍神廟碑序

　　嘗想修廟立石，原以繼先人立業之基，又以表後人補葺之功。自古莫爲之前，無□□其統；莫爲之後，無以繼其傳。故世之先作後述，大抵乃爾也。川湖屯村，自弘治以□，□八龍廟、龍神廟二所。廟宇高峻，聖像莊嚴；前迎汾水，汾水洋洋；後依青松□蒼蒼，雲勝致雨，澤被衆生；神靈護佑，以保一方之安寧。況歷年久遠，不能無風□□搖耳。於是闔村公議，刊伐神山，辦賣銀錢貳佰有零，加功起造，動用良工，經之□□，不日而成。八龍廟、龍神廟，大小廟宇，一應補修。河灘龍神廟戲樓，改爲檐□□拱，四明磚妝，誠乃聖像光明，廟貌輝煌，神恩浩蕩，庇蔭一方。功成告竣，刊立□□，此先人之立業於以有基，後人之補修，乃以有傳，以誌不朽云爾。

　　（以下經理總管人等芳名略而不錄）

　　時大清咸豐四年六月□□□日。

776. 重修聖母廟新建關帝廟龍母廟碑記

立石年代：清咸豐四年（1854 年）

原石尺寸：高 113 厘米，寬 55 厘米

石存地點：太原市婁煩縣靜游鎮常莊村聖母關帝龍母廟

〔碑額〕：永垂

□□□□廟新□關□□龍母□碑記

自古建□之地□□山林□石之間，如斯廟基下有水涌出於石中，四時不涸，清□□□常逢□□而暖□□□，□謂温泉焉。前人有知，遂建聖母廟於此。□□斯村之民繁物□□□以足。但不知創建於何人，蓋廟於何年？可考……九年五月間有□修之一事，迄今多歷年所，廟貌凋殘。村人氏目睹毀頹，毅然有感，因議重建蓋造之舉，且并建關帝廟與龍母廟，蓋欲依神靈保佑民生也。於是起始於去年四月，落成於六月。越兩月而廟貌焕新，神像莊嚴。游觀者至此，未嘗不慨然曰：土肥泉甘，可卜地靈人杰；祭天禱雨，居然奇域春臺。況乎神惠無疆，其□□殆有不可以應計量者。是爲記。

增生李溥荣薰沐敬撰并書，使隨施錢貳千文。

（以下碑文略而不録）

瓦匠段鳳花施錢一千文，韓維永施錢一千文，董連根施钱一千文。丹青王德喜施钱一千文。□□侯俊山、□□仁、□匠王懷德施錢五百文。□□郝成生施錢五百文，張元清施錢五百文，張永宏施錢二百文，张保柱施錢二百文。

住持廣隆，門徒德長，孫徒大桂。

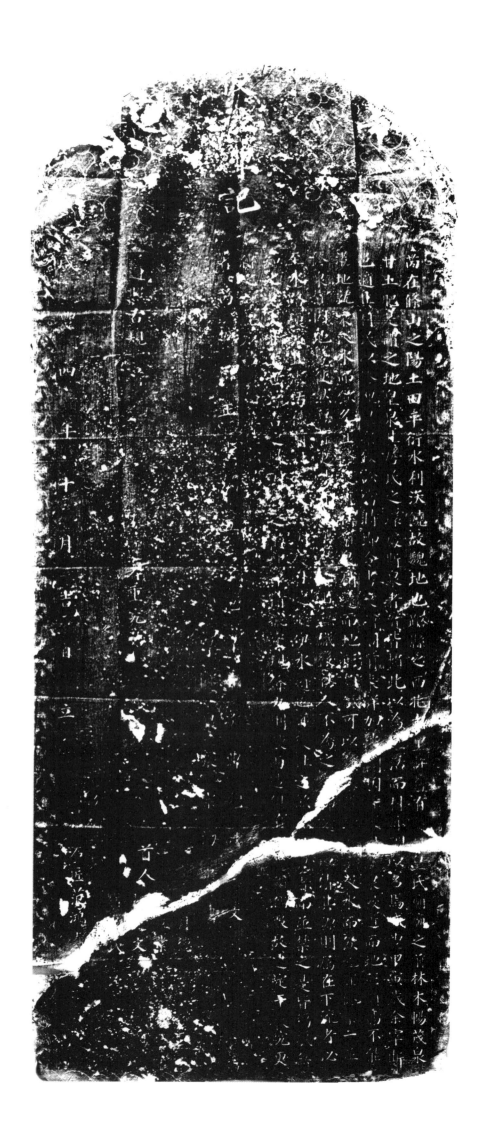

777. 後社碑記

立石年代：清咸豐四年（1854 年）
原石尺寸：高 153 厘米，寬 60 厘米
石存地點：運城市芮城縣古魏鎮地皇泉村

〔碑額〕：後社碑記

芮在條山之陽，土田平衍，水利沃饒，故魏地也。距縣之西北十里許，舊有□皇氏廟。廟之前林木暢茂，泉甘土肥，是謂之地皇泉。其居民之環處斯泉者，實皆賴以此爲□活，而村亦□以名焉。咸豐甲寅歲，余宰斯邑，適其村民以修理泉□□訟當時即令□□□□前來詳加□□。因……較近，而地形頗高，不能灌地，就泉□水而飲，允宜修泉。前社距泉較遠，而地□□□，可以……汲水而飲，允宜修渠。一并修泉，實因地勢使然，無……人不爲之……清其源則屬在下流者，必至水路……伊水道也……□後社□飲……而并禁之，是皆福□無知之……兩造俱有……故□□干□究更……

咸豐四年十月吉日立。

778. 重修水口記

立石年代：清咸豐五年（1855 年）

原石尺寸：高 57 厘米，寬 98 厘米

石存地點：呂梁市孝義市高陽鎮東曹村古水口照壁

重修水口記

東曹村郝家街坡頂舊有水口，所以防水患保民居也。其創建不知何時，自嘉慶十二年重修之後，迄今幾五十年矣。歷年既久，傾圮堪虞。糾首等相聚而謀，矢志重修，聿昭前烈。公議合村量力捐資，以成厥事。村衆聞之，無不欣然樂輸。於是卜吉興工，不逾月而告成。事雖仍乎舊貫，而堅固寬綽，視昔有加焉。嗣又念柏泉庵中及大社公地亦有殘缺當修者，因并葺之。工既竣，屬記於余。余深嘉乎村人之樂善，與夫作事謀始者之勤勞也。於是乎書。

邑庠生成學洙謹撰并書。

總理糾首：監生郝士奇、郝士俊。起意糾首：李天常、郝士溫、郝士德、李天文。值年鄉地：郝承起。

監生郝士奇捐錢壹拾千文，郝承達捐錢伍千文，李天榮捐錢伍千文，郝守琬捐錢叁錢陸百文，郝守林捐錢叁千文，李如郁捐錢叁千文，郝聲名捐錢貳千四百文，郝守鼎長門捐錢貳千四百文，郝守鼎二門捐錢貳千文，郝儒誠捐錢貳千文，郝士典捐錢壹千捌百文，郝士讓捐錢壹千陸百文，郝儒俊捐錢壹千陸百文，郝士忠捐錢壹千貳百文，郝素書捐錢壹千貳百文，郝士元捐錢□□文，郝士江捐錢壹千文，郝守榮捐錢壹千文，郝守寬捐錢壹千文，郝儒成捐錢一千文，郝儒謙捐錢壹千文，郝儒奇捐錢壹千文，李天德捐錢壹千文，李天文捐錢壹千文，郝儒雅捐錢捌百文，郝可宗捐錢捌百文，郝承起捐錢陸百文，郝儒永捐錢陸百文，郝士隆捐錢伍百文，郝守功捐錢伍百文，郝儒滿捐錢伍百文，史德文捐錢伍百文，王作賓捐錢伍百文，衛福勝捐錢伍百文，郝士鵬捐錢肆百文，郝守俊捐錢肆百文，郝儒寶捐錢肆百文，李天珠捐錢肆百文，李天常捐錢肆百文，王繼山捐錢肆百文，王繼祉捐錢肆百文，郝承忠捐錢叁百文，郝士謨捐錢叁百文，郝士德捐錢叁百文，郝士練捐錢叁百文，郝士溫捐錢叁百文，郝士恭捐錢叁百文，郝士道捐錢叁百文，郝守桐捐錢叁百文，郝守奇捐錢叁百文，郝守洪捐錢叁百文，郝守浩捐錢叁百文，郝守柱捐錢叁百文，郝守魁捐錢叁百文，郝守洪捐錢叁百文，郝儒敏捐錢叁百文，郝儒恭捐錢叁百文，郝儒德捐錢叁百文，郝儒寬捐錢叁百文，郝儒杰捐錢叁百文，郝儒君捐錢叁百文，郝儒茂捐錢叁百文，郝儒洪捐錢叁百文，郝儒昌捐錢叁百文，郝儒金捐錢叁百文，郝儒全捐錢叁文，李九□捐錢叁百文，王廷佑捐錢叁百文，程順金捐錢叁百文，李之明捐錢叁百文，王代京捐錢叁百文，馬尔應捐錢叁百文，張萬金捐錢叁百文，趙運會捐錢叁百文。共捐錢柒拾叁千叁百文，共費錢肆拾叁千叁百文。除費净存錢叁拾千文入大社用，過大社□壹萬壹千個。

泥工：郅樹聲。石工：甯秀峰。

大清咸豐五年歲在旃蒙單閼三月下浣穀旦謹立。

779. 黑山村重修石洞口龍神廟碑文

立石年代：清咸豐五年（1855 年）

原石尺寸：高 131 厘米，寬 61 厘米

石存地點：大同市靈丘縣白崖臺鄉黑山村龍王廟

〔碑額〕：永垂不朽

黑山村重修石洞口龍神廟碑文

此地舊有龍神廟一間，鐘樓一座，□風上雨，日就傾頹。村人不忍坐視，邀請河淅村、烟雲崖四二人，就相識村鎮，募化土木之資，興工補綴。工既竣……緣溪盤□，□□至此，見一洞口，僅能容身，俯躬而入，愈入愈低。至其深際，有一池焉，形如仰磬，水聚其下。周圍石壁，石壁之頂，密□石乳，乳微含露，漸如珠垂，點□□□，響徹洞外。父老向余言曰："每聞此□□，當甚旱之時，天無片雲，一兩日必有大雨。是以四□之求雨澤者，□□來此。其求雨之法，大率以繩繫净瓶，下汲此水；水之入瓶者有無多寡，即一方雨澤有無多寡之驗也。其靈應不□，□□此云。"余聞之，喜其大有□於農務也，既爲之誌，又從而頌之曰："石洞之中，石□最靈。石洞之外，□□龍神。石龍生雲，乳即成雨。滋液□濡，育育樂土。樂土豐年，歡欣鼓舞。伏願尊神，澤沛終古。"

甲寅恩貢生東河南王鴻藻撰并書。

經理人：趙英、陳玉磬、趙□□、趙廷璧、李世法、張□、王利、張彥。

木匠：趙國□。石匠：趙九成。畫匠：□成□。

大清咸豐伍年歲次乙卯七月穀旦。

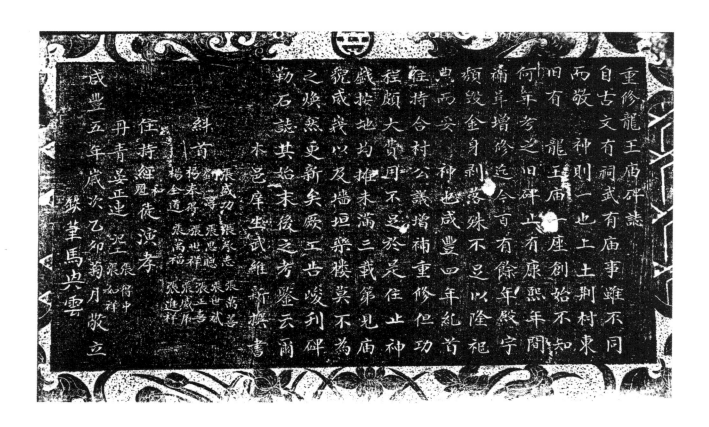

重修龍王廟碑誌

自古文有祠武有廟事雖不同
而敬神則一也上土荆村東
旧有龍王廟一座創始不知
何年考之旧碑山有康熙年間
補葺增修迄今百有餘年殿宇
頗毀金身剥落殊不足以隆祀
典而妥神也咸豊四年紀首
住持合村公議增補重修但功
程頗大費用不足於是住止神
戲按我等以及墻垣築樓莫不為
之煥然更新矣厥工告峻刊碑
勒石誌其始末後之方鑒云爾
本邑庠生武維新撰書

斗首

張成功　張彥志　張尚善
楊來号　張思聰　張世武
張尚福　張世祥
張尚祥　張尚志
張辰咸　張玉喜
張進祥

住持經徒演孝
丹青晏正連空　張知祥
題和尚

咸豊五年歲次乙卯菊月敬立
鉄筆馬興雲

780. 重修龍王廟碑誌

立石年代：清咸豐五年（1855年）

原石尺寸：高46厘米，寬70厘米

石存地點：呂梁市孝義市兌鎮鎮上吐京村大賢寺

重修龍王廟碑誌

自古文有祠，武有廟，事雖不同而敬神則一也。上土荊村東旧有龍王庙一座，創始不知何年。考之旧碑，止有康熙年間補葺增修，迄今百有餘年。殿宇頹毀，金身剝落，殊不足以隆祀典而妥神也。咸豐四年，糾首、住持合村公議，增補重修。但功程頗大，費用不足，於是住止神戲，按地均攤。未滿三載，第見庙貌威峨，以及墙垣、樂樓莫不爲之煥然更新矣。厥工告峻〔竣〕，刊碑勒石，誌其始末，後之考鑒云爾。

本邑庠生武維新撰書。

糾首：張盛功、劉淳、楊奉得、楊全道、張承志、張思聰、張世祥、張萬福、張萬善、張世斌、張正喜、張威虎、張進祥。

住持：經和、经魁，徒演孝。

丹青：晏正連。

泥工：張得中、張如祥。

鐵筆：馬興雲。

咸豐五年歲次乙卯菊月敬立。

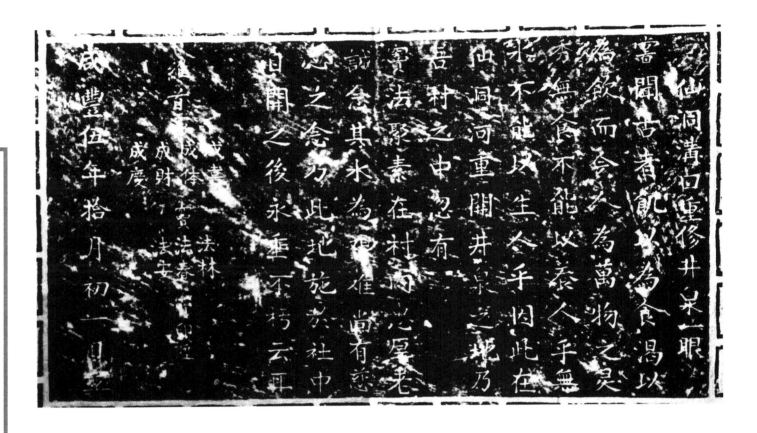

仙洞溝曰重修井采一眼
嘗聞古者飢以為食渴以
為飲而食人為萬物之靈
秀無食不能以養人乎無
水不能以生令乎肉此在
吾村之中忽有泉之塊乃
仙洞河重開井泉之塊乃
實法聚素在村莊忘厚老
誠念其水為何難嘗有戀
念之念乃此地施於社中
自開之後永垂不朽云耳

進首成慶成善法林
成財賣法春印建
成慶賣法安

咸豐伍年拾月初一日

781. 仙洞溝口重修井泉一眼

立石年代：清咸豐五年（1855 年）
原石尺寸：高 30 厘米，寬 40 厘米
石存地點：晉城市澤州縣大箕鎮干司村

仙洞溝口重修井泉一眼

嘗聞古者飢以爲食，渴以爲飲，而今人爲萬物之靈秀，無食不能以養人乎，無水不能以生人乎。因此在仙洞河重開井泉之地。乃吾村之中忽有寶法聚，素在村內忠厚老誠，念其水爲艰难，尚有慈悲之念，乃因此地施於社中。目開之後，永垂不朽云耳。

維首：成喜、成体、成財、成慶。

□買：法林、法春、法安。□□：印陛

咸豐伍年拾月初一日立。

782. 豫州義士胡公捐船資記碑

立石年代：清咸豐五年（1855 年）
原石尺寸：高 47 厘米，寬 70 厘米
石存地點：晋城市陽城縣潤城鎮上伏村

豫州義士胡公捐船資記

好善樂施，古稱高誼，而見於寓公，尤足風焉。曇雲先生，豫省杞邑人也。世敦儒術，克紹先聲，曾官鄧州廣文。以病足告在杞，與吾鄉景夷張君善。歲癸丑，楚氛倏熾，逼近大梁。先生預籌捍衛，兩公子以衰年艱杖履，堅請辭之於陽。暇同景夷游沁濱，睹舟楫敝壞，意有所觸，慨然曰："吾寓於此，獲免漂泊，願輸百千以造艑，非敢慕名，聊以報也。"景夷嘉嘆之，宣於里社。比旋杞，以資畀景夷，俾繳社長，社中以爲此義行也，與昔之上蔡許公葺寨事略同，遂碣以識之。

鑒塘李焕章撰，佐卿韓昆輔書。

咸豐五年乙卯建子月上澣之吉，闔社公立。

清（四）

1693

創築沿河石堤碑記

考邑乘所載乾隆辛未歲丹水暴發臨河村落悉被其害我村尤遭東西兩邨所藏

時新報仍以

玉帝行宮為主廟凡村之公務咸隼議焉第廟西土崖數仞下通丹水韋崖底恰樹叢生數百株根深盤固以得安泰惟至

既久冰咸歷肆柳木漂沒者逾半土崖崩地者難悲樹中枯老俯目發心無可如何會咸豐三年季秋念三日常

太尉尊神登僕示象飭沿河多築石堪以培河逶其經費徐東西兩堂三七攤派共夫工車工按社領地畝核撥枝是年

孟冬鳩工迄六年季春七堪告戌卬此積石䃂義則土崖廣免浸塌之慮斯廟址永慶磐石之固故鄉員珉后垂不朽

邑庠生 王錦 撰文

拜書

掌神書王瑞先 社首王修善 永文 挹菅王□□ □□ 玉秀 三匠會首 劉朝城 王維精 王玓□ 玉永城 王祝□ 秀和 王柏威 王洪順 汪九太 王太祥 可悅 安全

大清咸豐六年歲次丙辰仲夏穀旦勒石

783. 創築沿河石壩碑記

立石年代：清咸豐六年（1856 年）

原石尺寸：高 160 厘米，寬 40 厘米

石存地點：晋城市澤州縣高都鎮東劉莊村

創築沿河石壩碑記

考邑乘所載，乾隆辛未夏，丹水暴發，臨河村落悉被其害。我村緣斯，遂東西高阜而居之，日久殷蕃，儼然東、西兩村。然歲時祈報，仍以玉帝行宮爲主廟，凡村之公務，咸集議焉。第廟西土崖數仞，下逼丹水，幸崖底榆柳叢生數百株，根深盤固，賴以得安。奈歷年既久，水威屢肆，樹木漂没者逾半，土崖崩圮者難堪。村中耆老觸目驚心，無可如何。會咸豐三年季秋念三日，蒙太尉尊神登僕示衆，飭沿河多築石埧，以堵河患。其經費係東、西兩堂三七攤派，其夫工、車工按社簿地畝核撥。於是年孟冬鳩工，逮六年季春，七埧告成。即此，積石巍峨，則土崖庶免浸塌之虞，斯廟址永慶磐石之固。故泐貞珉，以垂不朽。

邑庠生王錦文撰并書。

掌神事：王耀先。

社首：王太德、王廣仁、王餘善、王永文。

總管：王玉秀、王廣運。

三班會首：王銀海、王清慧、劉瑞岐、王永盛、王柏瑞、周玉法、王海珠、王根德、王維精、王月輝、王允成、王洪運、王喜柱、王大官、王效和、王欽亮、王欽秀、王春和、王增太、王九松、王軒、王來意、王思玉、王興牛、王春發、王長水、王柏盛、王拴牛、王安柱、王廣謙、王春林、王興唐、王清茂、王洪順、王圪答、王可悦、王法安、王志新、王玉成、王九太、王俊志、王海金、王才貞、王青雲、王居仁、王太祥、王秉旭、王樹仁。

住持：法□□

報示：王振□。

玉工：張魁揚。

大清咸豐六年歲次丙辰仲夏穀旦泐石。

重修龍王廟序

縣治東北距城六十里許有村名黃三河村西南隅舊有古廟專祀
龍神功安九有澤被羣生倘植早魃為虐山川滌滌果其祈年孔殷膏雨祁是以禮宗在所必舉而祇祀地不可不修也況殿圓
潭建輒剏於正德之年而廟以神傳重新於嘉慶之世由昔迨今歷有年所閱夏屋之渠渠史運歲月嘅春臺之寂寂緣斷
蓍花因閱長年遂遷妙挽瓦棟參差簷樣閃裂銅環剝蝕玉砌分崩動掠地之鳳威庚康璧解鉤灑窗之雨暴滴葡萊穿於
瓷不議振興祠後必將廉墮爰有維首人等念造刹之傾頹羣思補葺蔴異域之琛賁共卵贊襄庇材鳩工經始茅輝夫勤
苦繪形圖象落成遂莊其觀瞻嚼子海文命工勤石誌善士以垂千秋崇義舉以昭百世是為記

鳳　澤州府儒學生員　
臺　縣儒學生員

張樹楨撰文
張樹沂書丹

維首

張廷梅　張懷奉
賀永發　張廷福　原泉旺
賀永咸
王姚子義
鳩工　賀牛鎖　王

張明咸
張盛永　金匝

張復鎧　原希隆
張樹茂

張神銘　原希業
張束路

繪工　楊□□

主持空□□作覺河

大清咸豐六年歲次丙辰乙未月穀旦

黄店兩社重新正殿
原作貞柯鈞　張聚逢泰
義興坊
德信坊
合聚典　義興坊
約聚號　天成公
　　　　德泰公　張順興正
恒□成同　天興公　張順興泰
　澤永號

各施錢三千

各施錢二千

各施錢三千

各施錢二千

各施錢二千

各施錢五百

各施錢五百

各施錢四

維首

張束路　張神銘

主持空□□作覺河

元發富　一心齋　王元發富
　　　　金盛號　松吉店
公盛永　全盛店　西富盛
長慶恒　　　　　西富盛店

784. 重修龍王廟序

立石年代：清咸豐六年（1856 年）

原石尺寸：高 210 厘米，寬 70 厘米

石存地點：晋城市澤州縣高都鎮黄三河村

重修龍王廟序

縣治東北，距城六十里許，有村名黄三河。村西南隅舊有古廟，專祀龍神。功安九有，澤被群生。倘值旱魃爲虐，山川滌滌；果其祈年孔殷，膏雨祁祁。是以禋宗在所必舉，而祇地不可不修也。況殿因潭建，既創於正德之年；而廟以神傳，重新於嘉慶之世。由昔迄今，歷有年所。問夏屋之渠渠，史湮歲月；慨春臺之寂寂，緣斷香花。因閱長年，遂遷妙境，瓦棟參差，檐椽閃裂，銅環剥蝕，玉砌分崩。沏掠地之風威，庚庚釁解；銷灑窗之雨暴，滴滴痕穿。於兹不議振興，嗣後必將廢墜。爰有維首人等，念浩刹之傾頹，群思補葺；募异域之琛賮，共仰贊襄。庀材鳩工，經始不憚夫勤苦；繪形圖象，落成遂壯其觀瞻。囑予爲文，命工勒石，誌善士以垂千秋，崇義舉以昭百世。是爲記。

鳳臺縣儒學生員張樹楨撰文，澤州府儒學生員張沂書丹。

黄庄兩社，重新正殿。

原永和、原苪□捐到。

□邑張作賓施錢三千。泰順隆、敬勝典、合順坊、義興坊、忠信坊、協成號、恒盛同，各施錢二千。德泰坊、協聚公、栗逢春、張順興、天興正、恒聚號、致祥永、顯興號、蔚成號，各施錢一千。萬福號、元泰富、玉崎齋、一心正、公茂永、全盛店、吉祥店、松茂店、長慶恒、西富盛，各施錢一千。□邑怡興號施錢三千，□□雙和號、□□恒昌典、□□義和號各施錢四千，□□邑同成號施錢二千，通升西、衛郡杜義和各施錢一千，□邑司珍元、來芳棧各施錢五百，□□兩益昌施錢一千五百。

維首：張廷梅、賀永發、張明盛、張復禮、張紳銘、張來路、張懷泰、張廷福、賀永盛、張盛永、原永隆、張樹茂、原苪棠，同立。

玉工：原永旺、姚子義。

梓工：張成富、賀牛鈕、靳小眼。

繪工：楊立。

住持空智，徒覺印。

大清咸豐六年歲次丙辰乙未月穀旦。

785. 咸豐六年接替碑記

立石年代：清咸豐六年（1856 年）

原石尺寸：高 45 厘米，寬 87 厘米

石存地點：晋城市陽城縣白桑鎮劉莊村

　　嘗思廟以神栖，嚴肅昭焉，社以人持，安危係焉。古者劉家庄，祀成湯神。謂桑林祈禱，萬民莫不被其澤，而俎豆馨香，四時皆知奉其祀。至咸豐二年，入廟宰社者有如銘蔡君等，持社以來，雖時歲有豐歉之殊，而民人無飢寒之苦。今當瓜代之期，凡所以整理社物出入錢文，并補修廟宇井池。略備数言，以爲之勒石云。

　　庠生衛蓋卿撰并書。

　　（以下捐資芳名等略而不録）

　　總理社長：栗志、蔡如銘、王瑞、王日學。

　　住持：界空。

　　大清咸豐陸年桂月立。

黄河流域水利碑刻集成·山西卷 六

重修

官五道河神廟碑誌

神廟三座由來已久代遠

年潭際棟毀書

之楷思美或妥備善哉士民圖新含

之不日成之感後地址阿東令曰門

辰之藏將和年慶雄朝覩神圖野

立德並功蔵佑後人權永勒之因

木之村

士王尚賓

玉琴卿生員

河運

五道廟

發

玉尚賓 良十兩

木匠趙師

玉麥士 良五兩 施地基一厘

玉吉士 玉琴卿 良五兩 泥匠烏

玉來銳 良五兩 木匠

玉廷標 良二兩碑一千

淮中 民一兩 砂匠趙永

玉少卿 民一兩 鉄筆吳海

入 一宗車工小工錢二十五千零四十

計開 一宗木匠工錢二千一百七十四文

一宗青砂石配石錢十五千七十八文

一宗麥糠土墼君灰錢七千九十七文

一宗椽杆木植錢十二千八百二十四文

一宗碎尾青木錢二千三百四十三文

一宗畫工錢十二千五百三十四文

一責木植繩子錢一千四百十三文

除取凈短錢五千二百三十兒文

一每以地糶錢十五千一款地糶錢

上南股以戈傾下長錢六千柒二十六文

一應除出過人費用

開謝人王洽

住持道士

大清咸豐六年歲次丙辰十月穀旦勒石

1700

786. 重修三官五道河神廟碑誌

立石年代：清咸豐六年（1856年）
原石尺寸：高42厘米，寬77厘米
石存地點：晋中市壽陽縣宗艾鎮東光村

重修三官五道河神廟碑誌

神廟三座，由來已久。代遠年湮，梁棟殘朽。神之格思，莫或妥侑。善哉士民，圖新舍舊。□之營之，不日成之。或移地址（河神廟移到村東偏），金壁同□。丙辰之歲，時和年豐。維新廟貌，神罔時□。立德立功，啓佑後人。繼繼承承，勒之貞珉。

本村生員王譽卿撰，本村處士王尚賓書。

河神廟王哲士施地基一分，五道廟王彥士施地基一厘。

經理人：王尚賓銀十兩，王來鋭銀五兩，從九品陰陽王廷標銀五兩，總□王維中銀二兩、磚一千，王少卿銀一兩。

計開：一宗木匠工錢廿一千七百四十□，一宗車工小工錢二十千零一百五十文，一宗青砂石亂石錢十五千五百二十八□，一宗麥糠土墼石灰錢七千零七十七文，一宗椽干木植錢十一千三百八十文，一宗磚瓦脊獸錢十二千九百七十文，一宗畫工錢十三千二百文、碑石錢四千□，一宗雜支靠工錢十一千二百三十七文、入賣木植繩子錢一千五百四十三文。除收過净短錢五千二百三十九文。上南股以七頃五十一畝地攤錢，每畝地攤錢十五文，共攤錢十一千二百六十五文。一應除出過下長錢六千零二十六文。

開光謝人費用。

木泥匠：萬林□。丹青：趙炳□。鐵筆：吳海□。沙石匠：趙永□。

住持道士矗本鉛，門徒王合蘊、王合默，徒孫教亨、教明。

大清咸豐六年歲次丙辰十月穀旦勒石。

787. 祈雨記

立石年代：清咸豐六年（1856 年）

原石尺寸：高 42 厘米，寬 77 厘米

石存地點：運城市永濟市虞鄉鎮南窰上村

祈雨記

咸豐六年，余奉委署縣事。入春以來，雨澤無缺。自六月十三日一雨，至七月廿三日，計四十□不雨，天氣亢炎，井水淺涸，夏苗半枯，秋麥未□，人心皇皇，疾首蹙額。余再三設壇祈禱，皆弗□，彷徨四顧，憂心如焚。適有言吳閭村山神最靈者，前任宣曾於道光十九年、廿六年兩次祈雨，皆即時應驗，盍再祈諸？余欣然諾。爰於廿四日携衆寅好詣諸廟叩禱，次日陰雲漸起，仍弗雨。詢諸紳民，僉曰："向來祈雨，非請神入城不可。"余曰："是何難？"即於廿六日令諸紳民備儀仗，請神入城。余復携衆寅好登壇虔祝。次日陰雲四布，廿八日自辰刻雨起，一夜霶霈，自次日辰刻止。詢諸紳民，僉曰可矣，而未透。乃初一日，又大雨一日，土膏深透，四野均沾，於是苗之枯者起矣；白露將零，可及時而種麥矣。凡所以蘇民之困，遂民之生，使之室家相保，官民相安者，皆雨之力，即皆神之賜，其歡呼感戴爲何如乎！爰於初六日獻供演戲三日，以答神庥。初九日，仍備儀仗送神歸山。考之縣志，廟立於宋元符元年，大觀元年，賜額曰"昭佑"。二年，封神曰"積仁侯"。其時，香火最盛，四分祈禱無虛日。今雖廟貌凋殘，而神之靈應如故也。余身獲福佑，不敢没神之功，故縷述其事，勒之貞珉，庶垂于不朽云爾。

署虞鄉縣知縣張祖坊敬撰。

重脩橋梁碑記

788. 重修橋梁殘碑

立石年代：清咸豐七年（1857 年）

原石尺寸：高 130 厘米，寬 68 厘米

石存地點：朔州市朔城區前村

重修橋梁碑記

……阻之徑。橋梁者，利人之行。我村西南角舊有石橋一座。水勢來往，自化嶺以及桑乾；行人利濟，由太原以達歸化。雖非朔郡之名區……也。自咸豐六年七月間，天降无涯之水，人受不虞之患，將橋梁損壞，石橋掩流，不惟我村不便，即鄰鄉亦無不受其艱焉。延及今……鄉人率衆公議，一不忘前人創造之遺意，一永保後人孔固之安康。於是因仍前制，復修完固。二月興工，五月功就，至今水歸其……無顛覆之累，負戴者無拔〔跋〕涉之勞。本村歡欣，隣鄉羨慕，輸□捐資，□□其願。茲將該鄉人等姓名刊列於後，以垂不朽於千古。

（以下碑文漫漶不清，略而不録）

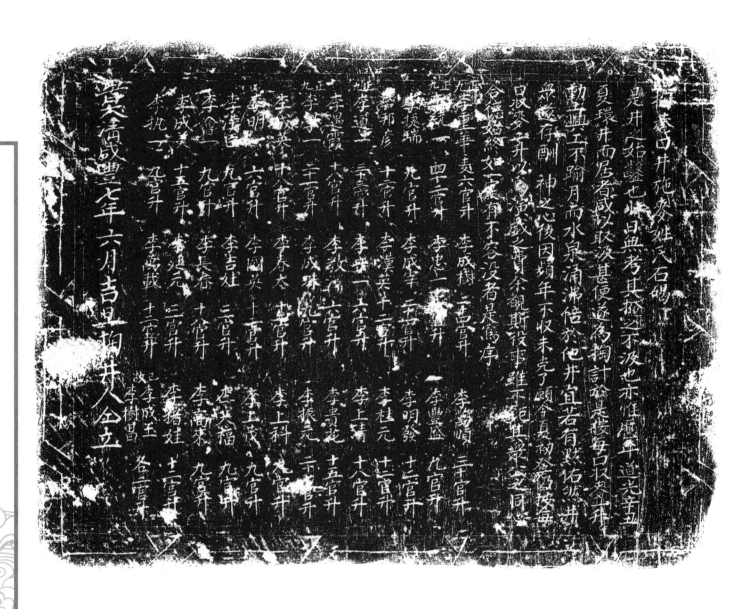

789. 掏巷口井施麥姓氏石碣

立石年代：清咸豐七年（1857 年）
原石尺寸：高 45 厘米，寬 55 厘米
石存地點：運城市絳縣衛莊鎮睢村

掏巷口井施麥姓氏石碣

是井之始鑿也，時日無考，其掩之不汲也，亦惟歷年。道光辛丑夏，環井而居者，咸以取汲甚便，遂爲掏計。於是按每口收麥一升，動土興工。不逾月而水泉涌沸，倍於他井，宜若有默佑然，井衆遂存酬神之心。後因頻年不收，未克了願。今夏初登，仍按每口收麥二升，以爲演戲之費。余睹斯役事，雖不巨其衆公之同心合德，始終如一，實有不容没者。是爲序。

正九李重華麦六官升，正九李統一四十二官升，李捷瑞九官升，李邦彥十二官升，正九李道一三十三官升，李遇霞十八官升，正九李學一二十一官升，李成英十八官升，李明一六官升，李漢臣九官升，李會一九官升，李成美十五官升，李執一九官升，李成樹二十四官升，李忠一□□升，李成宰二十一官升，李漢英十二官升，李守一六官升，李敬澤六官升，李成珠九官升，李春太十二官升，李國英十二官升，李吉娃三官升，李長春十八官升，李廷元三官升，李萬載十二官升，李萬順三十官升，李豐盛九官升，李明發十二官升，李桂元十二官升，李上清十八官升，李貴花十五官升，李振元二十□官升，李上科九官升，李上茂九官升，李天福九官升，李高來九官升，李猪娃十二官升，已故李成玉、李樹昌各二官升。

時大清咸豐七年六月吉旦，掏井人同立。

790. 大王廟常住地碑記

立石年代：清咸豐七年（1857年）
原石尺寸：高156厘米，寬60厘米
石存地點：陽泉市盂縣秀水鎮北莊村大王廟

〔碑額〕：永垂不朽

文子祠舊□常□地，乃住持養贍之資也，向由住持經管，歷年已久。茲因伊懦弱無能，難以支持，於是三村董事諸公另留住持。恐代遠年湮，其地或有□失，故將地畝糧石詳開於左以誌之：

羅河灣地上下貳塊，共拾貳畝，東至馬姓，西至官道牛心，西南至馬姓，北至官道牛心，南至□根馬姓。下羅村南山底牛家坪地柒畝，東至石姓，西至石姓，南至水渠并趙姓，北至石姓，南北至田姓。西河灣地柒畝陸分，西至王姓，東至李姓，南至河，北至宋姓。永三都五甲內，文子廟共糧肆斗肆升捌合壹勺壹抄。戰道坡地柒畝，西北至本廟常住，東北至壠根，東至傅姓，南至河。永三都一甲內，文子廟共糧肆斗零壹合。河南地壹塊，東至石姓，西至武姓，北至河，南至石姓、宋姓。廟坡地伍畝又壹段計貳畝，北至河，東至李姓，西至馬姓，又至官道牛心，西南至趙姓。河北常住地叁畝，東至李姓，北至李姓，西至官道，南至河。仇猶山天靈蓋地貳畝，東至官道，西至壠根，南至官道，北至宋姓。土地凹地貳畝陸段，東至壠根，西至官山頂，南至官道，北至宋姓。臥龍坡坡頭起東西畛地拾畝，西至河，東至河，南至田姓壠根，北至壠根。東又小堘壹塊，東至河，西至田姓壠根，南至田姓，北至河溝。臥龍坡紅雲塂地陸畝，東至壠根小□并至劉姓，西至壠根并至□姓，南至道，北至河。田家掌地捌畝計四段，東至河溝，西至葛姓，南至葛姓，北至山根。永三都七甲內，仇猶山共糧叁斗叁升叁合貳勺。北孔地伍畝計肆段，東至大道，西至河渠，南至河渠，北至河渠。臥龍坡坪地肆畝，東至堰根，西至堰根，南至李姓，北至劉姓。

三村糾首公立。

大清咸豐七年歲次丁巳八月上澣之吉。

791. 丁巳歲南北二渠重修施資碑記

立石年代：清咸豐七年（1857年）

原石尺寸：高116厘米，寬58厘米

石存地點：臨汾市洪洞縣廣勝寺鎮廣勝寺

〔碑額〕：皇清

　　嘗謂以德報德，此固報施之常理也。若人以德施而不克以德報者，即宜彰人之德，使其德永遠得聞焉可。丁巳歲，南北二渠重修明應王廟及山門、分水亭等處。工竣之暇，督工諸公公議及水神廟素無養廉，爲住持者難以應事。二渠諸公，因將各餘資財公置地畝，爲住持養膳之資。又有仗義輸財者洪邑東西永凝合社、趙邑……道覺村正興韓公，各有布施錢文，是皆諸公厚施之德也。諸公爲住持謀生理、計長久者，不可爲不善。鎮何忍掩諸公之德，使湮没而弗彰也。謹述其事迹勒諸貞珉，以旌諸公之德，俾流芳於百世云。

　　洪邑庠生許丙、趙邑庠生衛步甲撰文，洪邑副生李檀書丹。

　　北霍渠布施二陡門水地一畝五分。南霍渠上五村、下八村各布施錢一十五千文，此項錢與□□□同贖□□□□□。洪邑東西永凝村布施錢一十千文……此項錢與南霍渠同……□□□布施錢三千文。

　　監院海鎮，徒湛寧、湛寅、湛容，寺長清亥。

　　時咸豐七年歲次丁巳小陽之吉勒立。

重修龍子祠記

大清咸豐七年歲次丁巳小陽月中澣之吉

792. 重修龍子祠記

立石年代：清咸豐七年（1857年）

原石尺寸：高226厘米，寬84厘米

石存地點：臨汾市堯都區金殿鎮龍祠村龍子祠

重修龍子祠記

康澤王廟介臨襄兩邑之交，距郡治一舍之地，毓靈於晋，創建於唐，志乘豐碑，前人述之詳矣。曰龍子祠者，從里人之稱也。祠西有泉，仰出於淺沙平麓間，如蜂房，如蟻穴，匯而爲池，即金龍遺迹也。由是□□分南北二條，支流衍派，脉絡分明，蓄泄以時，挹注有序。臨汾、襄陵水田之資其灌溉者千有餘頃，民之服食利，已疇歷千載焉。《禮》曰："凡□□德於民則祀之。"如神之惠，不且與禹之明德俱遠乎！故有司以歲時致祭，祀事孔明，罔敢或懈。余於歲丙辰奉命來守是郡，越明年仲春宜祭之辰，對越駿奔，文武咸在。禮既成，因周歷其地，自龍母殿以至清音亭，見夫墙宇有傾頹，丹臒有剥蝕。稽考舊碑，自前首黔南王公□□重修後，垂三十年矣。爰與寅僚進紳耆而商所以新之。僉曰："固所願是。向有舊章，折簡以召諸渠首，可□集市。"既而鳩工庀材，計費千緡，未匝月而工興，四閱月而工竣。廟貌維新，觀瞻斯肅。落成之日，司事者請記其事於石。余喜夫工之速而民之享其利者，不望報本且有感於王公之記，以告將來，是亦守先待後之責也，何敢以不文辭？謹爲誌其歲月如右。

賜進士出身欽加道銜知平陽府事前工部郎中京察一等關中王溥謹撰。

署理平陽督糧分府加五級紀録十次景祺。

欽加知州銜特調臨汾縣正堂加七級隨帶加三級紀録十次王應昌書丹。

欽加同知銜調署臨汾縣事曲沃縣正堂加五級記録七次卓異侯陞應學。

欽加同知銜署襄陵縣事屬恩綬。

特授襄陵縣正堂加五級紀録十次岳雲溪。

鎮守山西太原等處地方總兵官瑞格。

調署分鎮參府和昌。

署右營都間府谷景昌。

平陽府學教授侯玳、訓導石鳴韻。

臨汾縣儒學教諭方明謨、訓導吳濤。

襄陵縣儒學教諭郝敦國、訓導韓丕承。

經歷倭什泰。典史顧銘愚。典史候選知縣席元燦。

大清咸豐七年歲次丁巳小陽月中瀚之吉。

流芳

蓋聞天一生冰地六成之生成之斡旋兩真剛諸其性兩千歲神公有所
盡必有所感而後施其化善焉誠有不見而章功而愛……因□□村
望名山後臨汾河麈麈來久矣但無奉神崇祭之所村人雖以安心相周□村
五龍神祠載三楹以為鄉人祈禳之地亦駿欣然而樂從之爰是卜吉興工樹栅
又忍貴霈浩繁流傳芳徽以垂不朽云
必故勒谷些石
栢崖頭村劉基謹撰并書
施拾地主高存有良子懷謙孫男萬海區相堰東西施拾地基六分
　　　　男懷讓

經理總管　高佃林
　　　　　張順祿

高懷仁
高懷貴
會借銀錢高懷讓

經管賬尊高萬芳

石匠趙之璡施銀五戈
木匠李……施銀五戈
畫匠李……施銀五戈
陰陽李……陰施銀五戈

高懷元

大清咸豐七年陽月吉日

793. 創建五龍祠碑記

立石年代：清咸豐七年（1857 年）
原石尺寸：高 114 厘米，寬 53 厘米
石存地點：太原市尖草坪區馬頭水鄉馬吉掌村五龍祠

〔碑額〕：流芳

盖闻天一生水，地六成之。生成之斡旋而莫測者，其惟神乎？然神必有所□□□□其靈，必有所感而後施其化。善哉！誠有不見而章、不動而變者矣！兹因馬吉掌村，□望名山，後臨汾河，歷來久矣，但無奉神享祭之所，村人難以安心。因闔村□□□□五龍神祠大殿三楹，以爲鄉人祈禳之地，亦皆欣然而樂從之。爰是卜吉興工，按地均攤。又恐費需浩繁，因募四方，仁人君子隨意施財，以助不給。是前人未有之功，而今有之。故勒名於石，流傳芳徽，以垂不朽云！

柏崖頭村劉基謹撰并書。

施捨地主：高存有，長子懷謙、次子懷讓，孫男萬江、萬湖、萬海、萬洪，匾稍堰東面施捨地基六分。

經理總管：高懷仁、高懷貴、高存忠、高存林、張寶禄、高懷元。

會借銀錢：高懷讓。

經管賬簿：高萬芳。

石匠趙之漢施銀五錢，木匠李亮施銀五錢，畫匠李平施銀五錢，陰陽李隆施銀五錢。

大清咸豐七年陽月吉日立。

歲丁巳季夏旱甚為雲□□□麥院

特秋聖難期民心嗷□□常

州牧揚會淪誠

霍神為民庚祝即日隨車霖雨滿□上

入土膏液滿郊春芒□□□□末

相籍欲訐勉賦荒詩一律以慶

其美

麥失秋芳穀未生炎天暑氣苦

無耕宣夏雲漢

賢侯事湯禱桑林

郡守情一雲和鳳除旱疫滿郊甘

雨閭枯蘖的七原擾騰黃茂總

是

仁心沛澤宏

屬下判官劉應春頓首拜書

祝融司令火雲假四野如焚思

不禁揮字

仁侯施惆德遞誠顧

聖薄廿霖歡騰萬姓歃未簽感挌群

黎借恣忿閭澤誤言蘇亦子屬

一億更幸沐恩深

屬下吏目錢超龍坦湝縣拜

794. 中鎮廟祈雨有應感詩二首

立石年代：清咸豐七年（1857 年）

原石尺寸：高 40 厘米，寬 75 厘米

石存地點：臨汾市洪洞縣興唐寺鄉興唐寺村中鎮廟遺址

歲丁巳季夏，旱魃爲□，二麦既槁，秋望難期，民心嗷嗷□。州牧楊爺瀹誠霍神，爲民虔祝，即日隨車，大雨潰潰入土，膏液滿郊。春等叨員屬末，相藉欣訝，勉賦荒詩一律，以賡其美。

麦失秋分穀未生，炎天暑氣苦無耕。宣憂雲漢賢侯事，湯禱桑林郡守情。

一霎和風除旱疫，滿郊甘雨潤枯莖。昀昀原隰騰黃茂，總是仁心沛澤宏。

屬下判官劉應春頓首拜書。

祝融司令火雲侵，四野如焚思不禁。撫字仁侯施憫德，撼誠願聖溥甘霖。

歡騰萬姓歌來暮，感格群黎藉冠心。潤澤謾言蘇赤子，屬僚更幸沐恩深。

屬下吏目錢起龍頓首拜具。

重修碑記
南北堡象糾首

795. 重修玉帝東嶽天子五龍諸廟并過嚴山門等碑文

立石年代：清咸豐七年（1857 年）

原石尺寸：高 130 厘米，寬 56 厘米

石存地點：陽泉市盂縣牛村鎮南下莊村天子廟

〔碑額〕：重修碑記

重修玉帝東嶽天子五龍諸廟并過嚴山門等碑文（樂臺東石洞）

是廟之建，始立垂碑。古人有言曰"善繼人之志，善述人之事"者也。如觀廟之形，而年深日久，風吹雨蝕，漸近傾頹，目擊心傷。而五村父老，意誠修葺。於丁巳年夏五月，共議修補。尚五村糾首諸人等，協力勸捐，四鄉衆善士、君子之力耳。至於功成之日，開光肆祀，茲以功成告竣。然其所以言之者，而諸公之善不至湮没無。是爲誌。

牛銑撰文，王廷選書丹，王越書丹。

南北堡衆糾首：王兆鳳、壽官王成郡、王樹銀、王元泰、壽官李貴富、王國鋭、王潤仁、王興明、傅國慶、王元浩、王九福、王均泰、畢清、王大勝、王樹全、介賓王廷弼、王海霖、趙海湖、劉占維、王忠舜、王士存、王養生、段俊富、王有興、王通文、王進福、畢登銀、傅永慶、王貴生、王□明、王富興、劉執功、王錫禎、王占貴、王孟冬、季金生、李洪禎、季明義、劉福和、王厚仁、王桂文、王苟小、王柱宝、王正春、王柱昌、梁萬斗、王士有、朱全、畢泰、高興旺、王福來。

王均泰施銀三兩，王忠舜施銀伍兩、工二十八個半，王什明施銀叁兩、工二十個半，王占貴施銀貳兩、工一十一個半，王柱昌施銀貳兩、工九個，王貴生施銀貳兩、工四個半，王樹銀施銀壹兩、工一個，王柱文施銀壹兩，付吉慶施銀伍兩、工三十六個，王鳳林施銀叁兩、工八個，王興勝施銀二兩五錢、工七個，王占荣施銀二兩五錢、工十一個半，王成玉施銀二兩二錢、工九個，王士鳳施銀貳兩，王占富施銀貳兩、工一十二個，王金庫施銀貳兩、工九個半，王樹福施銀貳兩、工五個半，王□□施銀貳兩、工十四個半，王存義施銀一兩九錢、工九個半，王存林施銀一兩六錢、工五個，付□□施銀一兩五錢、工十四個半，王文光施銀一兩五錢、工三十二個半，王洪弼施銀一兩二錢、工七個半，王鳳□施銀壹兩、工四個，李丁有施銀壹兩、工二個半，王德生施銀壹兩，王士盛施銀貳兩，王吉福施銀壹兩、工三個半，王柱有施銀壹兩、工六個，王萬生施銀壹兩、工八個半，王成計施銀壹兩、工三個，王樹珠施銀壹兩、工壹個，王福泰施銀壹兩、工貳個，王喜鳳施銀壹兩、工玖個，王廷獻施銀壹兩、工十八個，王存銀施銀壹兩、工貳個，王廣泰施銀壹兩、工一十八個，王占先施銀九錢、工貳個，王中和施銀壹兩，王興元施銀貳兩，王占礼施銀壹兩，王永金施銀壹兩，王柱凡施銀壹兩、工貳個，李玉□施銀壹兩、工貳個，王壽延施銀壹兩，王士禎施銀壹兩，李潤月施銀壹兩，王福成施銀八錢、工四個，王成德施銀八錢、工貳個半，王登科施銀八錢，王興礼施銀六錢，王福保施銀八錢、工六個半，王金存施銀七錢、工叁個，王元福施銀四錢，王元金施銀四錢，王彦施銀六錢、工壹個，王安泰施銀八錢、工九個半，王來泰施銀六錢、工四個半，王廷達施銀六錢、工四個半，王香光施銀五錢，王禄光施銀四錢，王什珍施銀六錢、工六個，王□明施銀四錢，王泰生施銀四錢，王占昌施銀四錢、工壹個，楊金元施銀四錢，王根福施銀貳錢、工四個，王吉光施銀叁錢，王清祥施銀三錢，王克明施銀貳錢、工五個，王清泰施銀二錢、工二個，王德明施銀二兩，王黄福施銀伍錢，王兆□施銀二錢、工五個，王金倉施銀五錢、工五個，王均泰工十三個，王鳳銀工二個，王先根工二個，李吉成施銀七錢，王樹業施銀四錢，王福喜施銀貳錢。西山頭閏林忠施銀貳兩，閏林清施銀貳兩。王均泰施燈籠壹□。自興□、王大勝施碑石壹塊。

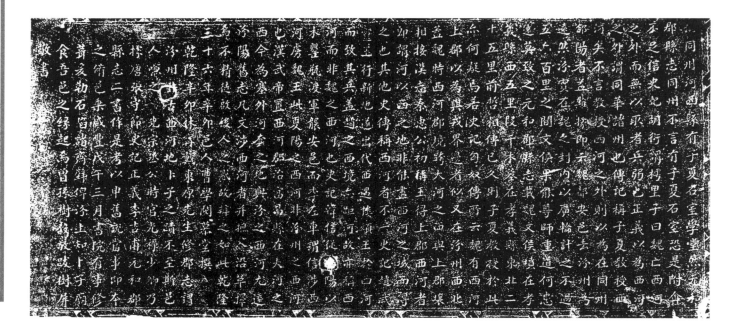

796. 西河考

立石年代：清咸豐八年（1858 年）

原石尺寸：高 38 厘米，寬 150 厘米

石存地點：呂梁市汾陽市賈家莊鎮大相村

西河考

西河之名，始見於《禹貢》。雍州西據黑水，東據大河，故曰"黑水、西河惟雍州"。河在雍州之東，而云西河者，據堯都冀州言之，猶豫州之河曰南河也。河自東受降城折而南行，歷龍門，以至華陰，幾二千里，皆在冀州之西，則皆得以西河目之。《孔傳》云："龍門之河，在冀州西者，特因《經》有'龍門西河'之文而言，非謂龍門以北，不得稱西河也。"《王制》："自東河至于西河，千里而近。自西河至于流沙，千里而遙。"亦舉河之大勢而言。所謂西河者，泛指瀕河之地，非專指一處。春秋之世，晋爲强大，西有河外與秦接境。《漢書》晋文公攘戎翟，居於西河圁洛之間，此在今延綏榆林之境。《左傳》將爲子除館於西河。注家未詳其地，蓋在晋都之西是西河之名，不專屬一地明矣。

自三□分晋，魏氏得晋西河之地。《史記》子夏居西河教授，爲魏文侯師。張守節《正義》以爲西河即今汾州。又引《括地志》："竭泉山一名隱泉山，在汾州堰城縣北（堰城當爲隰城之訛，晋改慈氏縣爲隰城縣，唐上元元年改西河縣即今汾陽縣也），有一石室，去地五十丈，頂上平地十餘頃。"《隋國集記》云："此爲子夏石室，退老西河居此。有卜商神祠今見在。"《元和郡縣志》云："汾州西河郡春秋時爲晋地，後屬魏，謂之西河。子夏居西河，吴起爲西河守，皆謂此也。"又云："竭泉山上有石室，去地五十餘丈，頂上平地可十頃，相傳以爲子夏石室。"又云："卜商祠在西河縣北四十里。"按：謁泉、竭泉、隱泉，一山而三名，而子夏石室之在此山上，兩書無異詞。蓋汾州西距河僅二百餘里，故有西河之名。曹魏黄初二年，置西河郡於此，亦必因古名以名之。且子夏教授之石室在焉，則汾州爲古西河審也。鄭康成注：《檀弓》退而老於西河之上，云龍門至華陰之地，後人疑子夏不當居汾州以北。然康成究未實指西河所在，似猶疑而未決之詞。《史記索隱》引劉氏説，稱同州河西縣有子夏石室學堂，然《元和郡縣志》同州不言有子夏石室，恐是附會，不足信。《史記》胡衍謂樗里子曰："魏亡，西河之外而無以取者，兵弱也。"《正義》以爲西河之外謂同華諸州也。《傳》記稱子夏教授西河矣，不言教授西河之外，則以爲在同州郃陽者益難據，即云魏都安邑去汾州爲遠。然汾實在魏之封内，以廣輪計之不過五六百里之間，文侯果能尊師重道，何患遠莫致之？《元和郡縣志》載魏文侯墳在孝義縣西五里，段干木墓在孝義縣東北二十五里，前哲相傳已久，則子夏教授於此亦何疑焉！

若《史記·匈奴傳》所云，魏有西河上郡，以爲與戎界邊者，似又在汾州西北。蓋魏時西河郡境跨大河之西，與上郡壤相接。《漢志》秦惠公初稱王，得上郡西河者，即謂河以西之地，非能盡西河之域而得之也。其他史傳稱西河者不一。《史記》趙武靈王行新地，遂出代西，遇樓煩王於西河，而致其兵。蓋趙之西境亦距河，故亦稱西河，而非魏之西河也。《史記》韓信從□陽以木罌瓶渡軍襲安邑，而李左車謂信涉西河虜魏王，此夏陽之西河非汾州之西河也。漢武帝置西河郡治富昌縣在大河之西，今爲塞外河套之地，與汾之西河尤遠。汾陽舊志凡文涉西河者，并摭入沿革，擇焉不精，徒啓後人之惑，故辨之如此。

乾隆三十六年辛卯邑人曹學閔慕堂撰。

乾隆辛卯，休寧戴東原先生修郡志，謂汾州非古西河地，卜子之迹不至斯，邑人嗛之。先宗丞公，時官光禄少卿，乃據唐張守節《史記正義》、李吉甫《元和郡縣志》二書，作是考，以申舊說當事，即本之修邑乘。咸豐戊午三月，書院有事修葺，爰勒石。□諸齋□，俾汾上知卜子廟食吾邑之緣起焉。

曾孫樹穀敬跋，樹屏敬書。

傳記稱子夏教授西
河諸州也外謂同華
則以即云魏之西河
為在外則以廣輪計之
汾州果以魏之內安邑
不過即封之侯尊師
去汾塚尊師重道計之
州即云魏之間文侯
在魏之賓在魏塚
陽沐載在孝義縣
英致之元和郡縣志
段干木墓在孝義縣
縣西五里前哲猶
五里段干木墓已久
何旋烏若使記句奴
傳所云魏有西
郡以為縣若我界者
又在汾州西北西河

《西河考》拓片局部

797. 大寺重修龍王廟碑記

立石年代：清咸豐八年（1858年）

原石尺寸：高114厘米，寬58厘米

石存地點：長治市黎城縣上遙鎮大寺村龍王廟

　　韓文公云：莫爲之前，雖美弗彰，莫爲之後，雖盛弗傳。黎之西，距縣三十里許有村曰大市，舊有護國昭澤龍王廟壹所，創建不知何年。背山面水，臨於村右，固一方之帡幪也。但歷年久遠，風雨剝蝕，棟宇摧折，神像毀圮。居是地者不忍坐視。丁巳春，合社公議，捐資重修。爰是擇吉興工，增其式廓，缺者補之，廢者修之。七月，復加丹艧，煥然一新。此固人民之樂於趨事與良由帡幪之澤，實大且宏而鼓舞於不自知耳。秋後獻戲開光。遠近焚香者，咸瞻廟貌巍峨，神像輝煌，迥異於曩昔之廢墜難堪矣。噫！是彰美於前者復能傳盛於後也。事蕆，將贊輸姓氏與董其事者并勒貞珉，托予爲文。予不能文，第嘉其修廢舉墜，大有承先啓後之志也，不禁援筆而略爲之序。

　　郡庠生杜建業沐手敬撰，楊國輔沐手敬書。

　　總管：栗喜才、王廷□。維首：栗永富、栗安合、楊守業、栗京周、楊滿林、付克儉、白林錫、栗河林、栗有才、栗子清、王永成、付克禮。

　　木工：□賀□。丹青：王創□。玉工：楊超雲。

　　時大清龍飛咸豐捌年歲次著雍敦祥清和月中浣之吉，合社同立。

798. 重修玉皇廟碑記

立石年代：清咸豐八年（1858年）

原石尺寸：高94厘米，寬55厘米

石存地點：大同市靈丘縣白崖臺鄉玉皇廟

〔碑額〕：流芳

重修

爲之前者，必□爲之後者，相繼而成，以垂□□□。李家□□舊有玉帝廟，創立兌之溝東寺窪，山環水抱，誠古迹也。至今多□□所，棟桷不□摧殘；風雨剝□，□□難免倒塌。目睹心傷，難以對衆。思欲補□，□□□墟零落，獨力難成，孰□□之所□，彼□力之尤□也。□雨者莫□顯靈，告虔者咸被其澤，四方之□□，皆願□煌其殿宇，重飾其像貌。于是會集公□，□□四□，各捐資財，共成其鞏固焉爾。乃揀□工師，築……殿宇。巍巍乎雲氣相接，如憑虛而□空；浩□乎泉水□□，□長天而一色。山水之勝，莫過於此焉。今工成告竣，當□□□志其盛，奈余識見淺陋，不堪爲文，謹具俚語，以表其□□。

（以下碑文漫漶不清，略而不録）

大□咸豐八年歲次戊午梅月穀旦立。

清（四）

增修潤濟侯永澤王廟碑記

處嶺之東南峪河之西北有馬跑神泉古蹟存焉相傳後漢
之大觔也後人立廟以祀之前建
將軍之靈廳如響尤
絕雨將軍之靈廳如響尤上
首蓋廣嶺建
至聖先師樓而名山之道德以傳諸佛觀音
混混者則馬跑泉亭也引遂之
悉備其創建之始末繼修之
四年間因事涉訟
住持帶産出廟外止留香火磨一盤後院
不惜苦力出曉慕
化自六年春季典工修葺至七年夏季而威
上新埼洪鎬以帳聲間由此門以造後院
首鼓理廟事行見神依久而靈爽彌昭人賴神而福庇
舉業雖簡明神黑佑善士樂輸而如慧之操心積慮不自居功其品量真有超
出乎尋常萬萬者余故樂為序之

賀盧將軍征夷駐兵谷此軍中乏水馬跑石而清泉湧出治千古之平里
堅牢歲
宏麗棟宇聳葢椅雨菁恒於斯開肯番視
封潤濟侯之爵至我
朝而神功之所及者念遠斯爾
而佛門之經藏以明將軍正殿之芳
四達嚮遏行雲者則經樓梁樓也至於捲棚社房家人無
和尚當堂水卷如里高有德者新之
一本萬利之則源哉于世

經理社化
三條厚環泉湧
儒學增廣
員生張夢
武生張嵩年
葉天瀧
荣慶霞
王學閏

任鄉縣
縣學儒
朱一焰
生員貫容林
黨譔誤
石沐天瀧
手泵書

曹洞正宗第二十四代比邱住持如慧
徒海光 海珠
徒孫湛喜 湛慶 姪孫湛荣
湛貴 湛吉 石匠黄心正

大清咸豐八年歲次戊午清和月 吉旦

799. 增修澗濟侯永澤廟碑記

立石年代：清咸豐八年（1858 年）

原石尺寸：高 190 厘米，寬 77 厘米

石存地點：呂梁市汾陽市峪道河鎮馬跑神泉

增修澗濟侯永澤廟碑記

彪嶺之東南，峪河之西北，有馬跑神泉古迹存焉。相傳，後魏賀虜將軍征夷駐兵於此，軍中乏水，馬蹄跑石而清泉涌出，洵千古之靈异，一□之大觀也。後人立廟以祀之，前建將軍正殿三楹，後建聖母殿三楹，規模宏麗，棟宇嵸隆。禱雨者恒於斯，求嗣者恒於斯，祀典煌煌，香火□絕。而將軍之靈應如響，尤上達乎朝廷，遠播乎奕祀。以故宋襃永澤廟之名，又封澗濟侯之爵，至我朝而神功之所及者愈遠。斯廟貌之所□者益廣，續建至聖先師樓，而此邦之文教以興；三教聖人樓，而名山之道德以傳；諸佛觀音殿，而佛門之經懺以明。將軍正殿之旁，原□混混者，則馬跑泉亭也。引道之中，一水盈盈者，則水閣、凉亭也。山門之內，聲聞四達，響遏行雲者，則鐘樓、樂樓也。至於捲棚、社房、禪室、客庭，無□悉備。其創建之始末，續修之次序，前碑載之綦詳，無復多贅。顧自續修以來，歷年久遠，不惟風雨剝蝕，廟貌摧殘，抑且習俗浮靡，清規敗壞。□□四年間，因事涉訟，經縣主劉公堂訊，將社首、住持一齊斥逐，諭令僧綱、僧會另擇住持。嗣擇舉仙道溝勝水庵如慧和尚，當堂承接廟事。除□住持帶產出廟外，止留香火磨一盤，養膳地七十八畝，俱在張堡豐里八甲，按籍完糧。官事已畢，如慧赴廟焚修，親見凋敝之形，遂萌整新之□，不惜苦力，出疏募化。自六年春季興工修葺，至七年夏季而盛事落成，前後共費大錢七百餘千。又於內院增建韋陀天尊殿，以鎮邪魔。鐘□上新鑄洪鐘，以振聲聞。由山門以迄後院，煥然一新。工既竣，意欲安神獻戲，設醮開光，又不忍拋撒地主，旋於金庄村擇其年高有德者，新請□位社首護理廟事。行見神依人而靈爽彌昭，人賴神而福基愈厚。灌田園者，咸享耕九餘三之積貯；營水磨者，可致一本萬利之財源。嗟乎！此□舉也，雖賴明神默佑，善士樂輸，而如慧之操心積慮，不自居功，其品量真有超出乎尋常萬萬者。余故樂爲序之。

前任鄉寧縣儒學教諭朱大炤薰沐謹撰，汾州府儒學增廣生員張夢石沐手敬書。

經理募化：三餘厚、環泉涌、雙盛泉、和盛公、生員賈喬林、武生張嵩年、葉天凝、葉慶霑、王學閔。

經理社首：趙日寶、馬如彥、馬如岡、梁生才……

曹洞正宗第二十四代比邱住持如慧，徒海光、海印、海珠，徒孫湛喜、湛慶，侄孫湛榮、湛貴、湛吉。

石匠黃心正。

大清咸豐八年歲次戊午清和月吉旦。

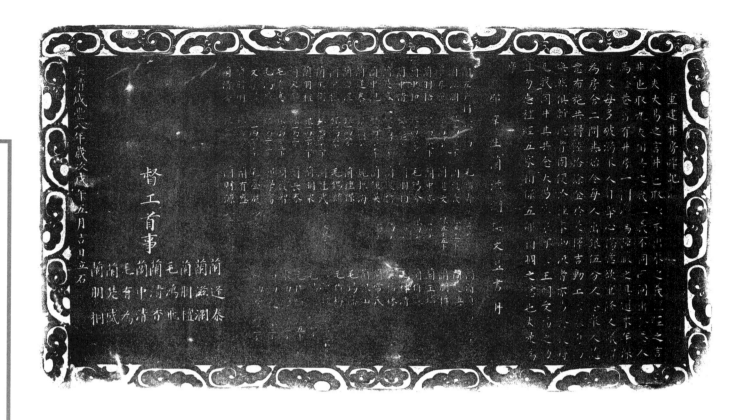

800. 重建井房碑記

立石年代：清咸豐八年（1858 年）
原石尺寸：高 52 厘米，寬 92 厘米
石存地點：運城市新絳縣古交鎮北王馬村

重建井房碑記

今夫《大易》之言井也，取以木出水之義；《禮經》之言井也，取九夫川共之義。二義不同，而同出於巷人焉。余巷舊有井房一間，以爲障蔽之俱。邇來年深日久，每多破漏。衆人目擊心傷，意欲重修。人議增为房舍二間，其始令每人出銀伍分，人令衆人随意布施，共得陸十餘金。於是擇吉動工，□□□□，焕然俱新，挑者固便，以往來此飲者，亦易於□轉。凡我同井，其共念大易□众，可□王明受福之功，且勿念《禮經》五宗相保、五邻相賙之意也。夫是爲序。

郡庠生蘭滋瀾撰文并書丹。

蘭五户□銀……蘭滋瀾銀三两□錢一分，□□□银□□□□，蘭朋格銀□□□□□，蘭中和銀三两□□，蘭中清銀二两七錢，蘭□盛銀二两□□□□，蘭中見銀□□□□□，蘭逢泰銀一两□□，蘭□□銀一两八錢，蘭□□銀一两六錢，蘭玉□銀一两五錢二分，蘭朋檀銀一两三錢三分，蘭文□銀一两三錢，毛□□銀一两□錢五分，毛□□銀一两二錢五分，文□□銀一两一錢□分，蘭朋桐銀□□□□，蘭清香銀七錢□□，毛□寿銀六錢，蘭□义銀五錢六分，蘭进文銀五錢五分，蘭中喜銀五錢，毛錫□銀四錢，蘭□□、蘭□□、蘭鍾英、□□海、蘭鐘保、毛錫磷、蘭遷武、蘭朋□、蘭長泰、蘭复智、蘭學習、□全成、蘭有盛、蘭財源、蘭清□、蘭□兴、蘭朋楫、蘭玉璘、蘭□□、毛体清、□□林、蘭常□、蘭□山、毛□□、毛□梅、□□□、毛□□、□□□、毛□□、毛□□……毛□□銀五分，□□□銀二分，□□□銀二分，□□□銀一分。

督工首事：蘭逢泰、蘭滋瀾、蘭明檀、毛鴻飛、蘭清香、蘭中清、毛有爲、蘭楚盛、蘭朋桐。

大清咸豐八年歲戊午五月吉日立石。

801. 重修普濟橋記

立石年代：清咸豐八年（1858 年）

原石尺寸：高 225 厘米，寬 96 厘米

石存地點：運城市夏縣胡張鄉大里村

重修普濟橋記

莊之北涑水在焉，橋曰"普濟"，由來久矣，其創建暨重修前人之述已備，勿庸復贅。邇來沙侵土蝕，難降波浪之高，柱陷梁傾，頓易古初之盛。基雖存而僅餘半孔，水不涸則溢兼四時。此時也，望洋退步者比比，抵岸迴車者多焉，雖名爲普濟，其如不普濟何。咸豐丁巳冬，余莊父老目睹心傷，皆欲修而新之。第土隘民貧，難執片石以駕海，因募遐化邇敬也。涓滴以成河，於是載比刀泉，載沽雲根，載覓石人，載興水役。工始于戊午之仲春，至孟秋厥工告竣，共費金陸百餘兩。憶爾時遷沙斬岸，孔開洞洞之三，驅石爲梁，齒疊層層之七；百餘人佐理于河□，數十匠赴功於岸口；工歌互答，聲聲遠聞，亦□一時之盛事云。今者水秀沙明，龜背聳峨嵋嶺外；蘆青萑碧，虹腰見水晶……波自若繼，銀濤其怒涌而利往如初，昔之人名以普濟者今復見濟無不普也。懿乎□哉！何其不杯而能渡，不刀而亦濟者，擬前此之形勢判若雲泥哉？至東西二眼未葺，亦諸父老□爲籌畫者也，雖然橋之濟猶不甚普也。陰騭曰"濟人之急，如濟洞轍之魚"；宋文曰"文起八代道濟天下之溺"。古君子用懷利濟，處而有濟於草野，出必有濟於邦家，亦分内……也。今而後凡從此濟者，其各廑鴻濟之志，以濟天道之不足，是又濟之甚普駕斯橋而上者也。庶其勉旃。

邑庠生員焕龍李□耀撰，邑庠生員仲虛高□離書。

（本莊施銀人花名略而不録）

首人：高安邱、李明訓、李有福、李存信、李迎春、李□仟、高輔庆、李成□、刘□义、李百□、高志道、李德成、黄成桂、邱自耕、崔懷德、刘泰興。

清咸豐八年歲在戊午孟冬上浣穀旦立。

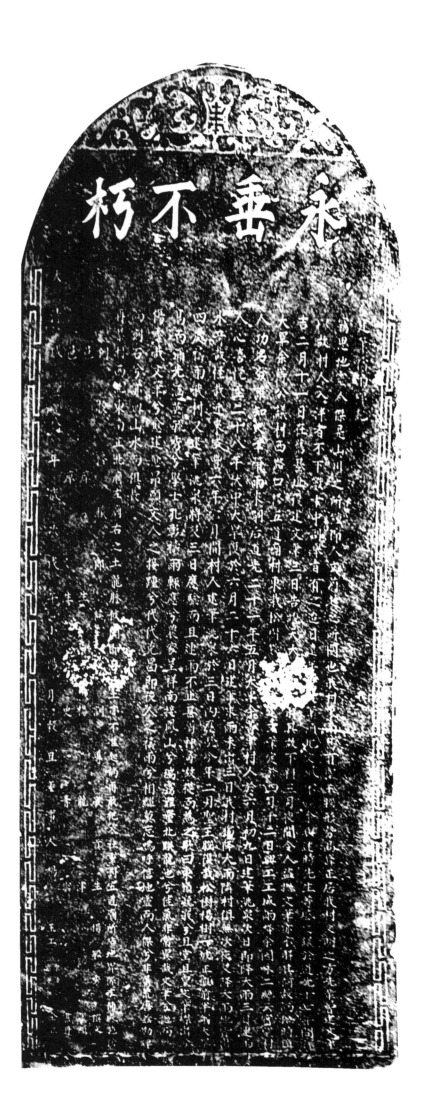

802. 建筆禱雨碑記

立石年代：清咸豐八年（1858 年）
原石尺寸：高 147 厘米，寬 57 厘米
石存地點：長治市屯留區康莊村唐王廟

〔碑額〕：永垂不朽

建筆禱雨碑記

竊思地靈人杰，是山川之所鍾，即人文蔚起之所關也。我村東南舊有聖王腦，形勢高聳，正居我村文明之方。先輩曾建文筆，以故村人入泮者不下數十，中副舉者有之。迨日遠……傾圮，文風不□，余與述時先生等感之，議於道光十七年間擇吉二月十一日，在舊基址復建文筆。三日告竣，天大□□，□□其故。不料，三月夜間令人盜拋文筆，亦不解其何故而拋。時值大旱，余等公議：村西路口修五道廟，村東栽松樹數……文筆。定於四月十二日興工，工成雨降。余因咏二絕云："實望村人功名發，誰知文筆帶雨來。"嗣後道光二十一年五月大旱，余等率村人於六月初九日建筆洮泉，次日即降大雨。三日連雨，人心喜悅。至二十八年，伏中大旱，復於六月二十六日建筆求雨。未出三日，我村獨降大雨，鄰村俱無；次夜又降大雨，地皆出水。奇哉怪哉！近來咸豐六年六月間，村人建筆洮泉，於三日內應驗。今年二月，聖王腦復栽松樹、楊樹一坡，正值前半年大旱，四處禱雨。我村又建筆洮泉，將及三日應驗，而且连雨不止，甚屬神奇。故從而爲之歌曰："東嶺巍峨兮且堂且皇，文筆杰出兮高而彌光。涵英毓秀兮學士孔彰，禱雨輒應兮農家呈祥。南接鳳山兮瑞靄難量，北暎龍池兮佳氣非常。异哉文筆兮拋而無傷，靈哉文筆兮愈建愈昂。願文人之接踵兮代代克昌，即後人之禱雨兮相繼莫忘。嗚呼！信地靈而人杰兮非屬荒唐，茲勒碑而勒石兮與山水而俱長！"

再禁：村西北、東南、正北、廟左、廟右之土，龍脉攸關，即自□土亦不准起。倘再敢犯，入社重罰。（五道廟所占地界，係左補成施捨）

□□職郎候□訓導歲貢生楊松秀撰文，庠生楊龍津篆額，庠生史青雲書丹。

大清咸豐八年歲次戊午小陽月穀旦。董事人楊□、玉工□□同立。

803. 重修五龍聖母廟碑序

立石年代：清咸豐八年（1858 年）

原石尺寸：高 175 厘米，寬 69 厘米

石存地點：太原市古交市河口鎮吾兒岇村五龍聖母廟

〔碑額〕：皇清

重修五龍聖母廟碑序

盖聞祀神之禮，莫要於敬。而致敬祀神，非但時薦馨香已也，其所以妥神靈者□宇，亦不可不高大□□齊。晋省西山五兒岇村舊有五龍聖母廟一所，創建何代杳無可稽。其中門垲、厨厩并未創建。村人每思修葺，奈工大而費用不支，食乏而人力難繼，所以舉念而輒止耳。是歲次咸豐八年戊午，適□鄉人善士，闔村等素性慷慨，一念修補，村人無不樂從。將見經理者有人，助粟者有人，而且四方募化奔走不□者又有人，協力同聲，共襄盛事。不数月而殿廡、楼臺、門垲、厨厩焕然一新，今而后庶可以栖神靈而崇享祀矣。斯舉也，共費銀若干，本村所捐者不過三分之一，端賴四方好善樂施之君子以成盛事耳。故凡捐輸、經理、糾首之姓名，例得附於碑次。

河口南頭閻佩芳沐手謹撰，南石礑村張標沐手敬書。

（以下碑文漫漶不清，略而不録）

大清咸豐捌年歲次拾壹月吉日立。

掘井碑記

中街久無甜水井或南汲於前社或北取

俗人極為慮仝泰社首等議新掘二井相度數處俱不甚甘後到南堡墻

得一甘泉此地僻居城之地社中議作價銀拾兩作為公用俻李清

蒙價情願施捨以後社若連雨水於時巷為不保

役之餘此水者知此井之經營不易並知此地之施捨有由燥為記

授文林即廣西宜山縣知縣壬辰科舉人李鳳

804. 掘井碑記

立石年代：清咸豐八年（1858 年）

原石尺寸：高 112 厘米，寬 50 厘米

石存地點：呂梁市孝義市大孝堡鎮大孝堡村李氏祠堂

掘井碑記

中街久無甜水井，或南取於前社，或北取於後社。若遇雨水發時甚爲不便，□街人深以爲慮。今春社首等議新掘一井，相度數處，俱不甚甘。後到南堡墻□得一甘泉，但地係□清榮之地。社中議作價銀拾兩，作爲公用。而李清榮決□受價，情願施捨，以濟人用。今將地約一分有餘，糧一分，開到社中永遠完納。□後之飲此水者知此井之經營不易，并知此地之施捨有由。是爲記。

□授文林郎廣西宜山縣知縣壬辰科舉人李鳳誥撰。

805. 創建三聖祠碑記

立石年代：清咸豐九年（1859 年）

原石尺寸：高 110 厘米，寬 49 厘米

石存地點：運城市芮城縣陌南鎮塢頭村

〔碑額〕：萬善同歸

創建三聖祠碑記

己未春正月，余正宴會賓徒，而芮邑南自堃適來求□爲伊村作三聖祠碑記。余詢其巓末，據云：我村塢頭居縣之東□，舊分兩社行事，但溝西户口稀少，曾無廟宇以爲祀神所。去歲合社公議，欲創建□聖祠兼立后土行宮，而資財不足可奈何？首人關兆禄、南自凱等根地、人、□□行□□，共得陸拾餘金，同心一力，以襄盛舉。興工於三月下旬，落成於十月既望，未逾年□焕然一新□。余曰："是亦鄉間敦本之義也。今而後神得所依，庶風雨調，庶□昌而地亦將不□寶矣？"□□所云而叙之以垂後。

賜進士出身誥授奉直大夫户部主事□□□□司行走加一級紀録二次虞州靳文蔚撰，邑儒學生員荆□□書。

（以下碑文漫漶不清，略而不録）

龍飛咸豐九年三月十五日穀旦。

剏建神禹行宫碑記

縣治西離城半會許有夏后氏都趾存焉有天禹王廟壹區勿替宇貌森列尤為典巨其沙名一邑之保障倖萬代

久而後始莫古以來類如之何矣我□村之間有廟頗有諸有志者起工於乙

帝而為銀宫一百□□有奇不糊固陋亦無作棲遠年湮風雨浸棲崩死解不堪棲

而為萬世未賴者與籍載人亦同如不敢復陳一詞懼殺也

神禹行宫目晴心傷亦無□□□□□□□□□□□□功疏瀹桃

木本村後學

經理董首學

太清咸豐九年歲次己未梅月

住持傳人羅照戴約

遞伯好佑瑞生雨王

石石石石姚石杨石

成存恒維二維

維建斯來之介奄實

線讓信德恭珪

空廷波石魯

806. 創建神禹行宮碑記

立石年代：清咸豐九年（1859年）

原石尺寸：高133厘米，寬63厘米

石存地點：運城市夏縣禹王鎮禹王廟

〔碑額〕：皇清

創建神禹行宮碑記

縣治西離城半舍許有夏后氏都址存焉。中有大禹王廟，臺高數仞，殿宇巍峨，法象之森列尤爲曲盡其妙，爲一邑之保障，作萬代……賽社莫不踴躍而争先，十五管社分爲東西北三方，每方五社官一，神禹……居西五社之一，每年三月二十二日廟中大會，值社者會前迎神到社，會……周而復始，亘古以來類如斯耳。奈代遠年湮，風飄雨浸，榱崩瓦解，不堪栖……人目睹心傷，亦無如之何矣。幸我村關帝廟頗有積蓄，首事諸公謀及村……神禹行宮三楹，聊作栖神之所。大廟之修理暫俟，諸有志者起工於乙……帝廟官銀二百兩有奇。予不揣固陋，謹叙巔末。至若平成天地之功，疏淪耕……而爲萬世永賴者，典籍備載，人所同知，不敢復陳一詞懼褻也。

本村後學瑞玉石維珪……本村後學伦肅石恒恭……

經理首人：好生石存德……伯實石成信……遜庵姚三讓……鈞翁石維綿……載之楊逢□……照來石聯……

住持僧人：蘊裎，徒侄空……

大清咸豐九年歲次己未梅月……

經理
住持僧演聖募化
大清咸豐九年歲次己未季夏上浣 穀旦

807. 重修聖泉寺老龍神廟碑

立石年代：清咸豐九年（1859 年）

原石尺寸：高 157 厘米，寬 62 厘米

石存地點：朔州市平魯區白堂鄉黨家溝龍神廟

重修聖泉寺老龍神廟碑

蓋聞惟廟有神，惟神召靈，欲妥神靈，廟貌宜崇。稽鄯□西北古有黑塔山，距城三十五里許，係朔州來龍伏脉，鍾靈毓秀之所。唐麟德二年創建聖泉寺，寺東有聖水神泉，靈异非常，凡遇大旱，禱雨輒應，洵合郡巨觀也。明成化四年，有郡人黨姓者，寺南募修老龍神廟。清初康熙癸酉復移修於西北山上，後遂稱爲黨家廟。凡鄰近鄉人，每歲六月十三日牽牲献供，各輪虔誠，流傳至今，香烟不絕焉。惜代遠年湮，風雨漂搖，一切殿宇墙垣，臺榭瓦石皆摧殘剥落，蕩然無存。甚賴有□善之士，接踵而日興，完前人之功德，補後人之缺陷，事誠一舉雙美矣。自乾隆癸未以至嘉慶癸酉，遥隔數十餘載，内有郝述聖、劉合模、張世明、聶萬銀、張灼等俱薈萃各村衆善士，同心協力，募化捐資，陸續興工，後先繼美。故補葺增修，諸善人功力不少，而經營料理，惟聶萬銀辛苦倍多。自此規模氣象，一時頓覺峥嶸，無奈雨露風霜，多年仍歸剥落。今歲春，有善士高泰興等傷古迹之凋殘，痛前功之廢弃，同欲徹底修理，整舊翻新，慷慨一舉，而合……鼓舞助力，踴躍捐資。此人之好善，富神靈之點諾也。大興土木之功，永彰聖泉之德，不日之間，聿觀厥成。自是人□□□，□應□□，不惟成一鄉一邑之保障，且有關□□□庇蔭。咸曰是宜勒之金石，垂後世而輝無窮，千載不絕，百蘋之薦矣。予薰沐謹誌。

歲貢生杜華薰沐撰，邊增沐手書丹。

壬子科武舉邊孝親署理陽房□把總施銀貳兩，馬邑鄉典吏候選巡正司霍兆期施銀五錢，介賓田慶時施銀肆兩，廣生長施銀肆兩，高放明施銀貳兩。

經理：曹文太、杜蓬、監生邊鴻、生員落鳳儀、監生張炋、監生高泰興、議叙龐瑞、生員張孝先、落昇、生員李蘭、高爲業、落岐、王泰申、□廣仁、劉俊、武生高雲衢、高亨衢、惠斌、邊恒宗、田成會、高普雲。

石匠劉登高，油畫匠……楊梁，木匠馮佶，泥匠葉蓬時、□錦雲。住持僧演聖募化。

時大清咸豐九年歲次己未季夏上浣穀旦。

808. 水井房碑記

立石年代：清咸豐九年（1859年）

原石尺寸：高80厘米，寬50厘米

石存地點：臨汾市襄汾縣新城鎮城南村

原夫巽乎水，而上水，而井出，而卦成，而井養不窮之利，普社來井，□井亦烏可以改乎？顧剛中有常，良可慶也，柔下無功，不足憂乎。此東社之雖有二井，而嘆不食，而嘆無□，所以議掘新井也。延堪輿審地脉。先生學謙，得井於李公……之大門傍。因置酒相商，求其公售。而公等謂井爲公需，水爲公用，不售而願施焉。衆咸嘆公等誠樂善君子也。於是擇吉興工，逾月而成。而水甘且旺，所謂井養不窮之，利復普矣。爰勒貞珉，以誌不朽云。

邑庠生員王燃乙撰文并書丹。

舍地人：李盛春、李□□、李□春。

督工：□可法。

首事：馬思梅。

起意人：李盛春、王存智、賈□業。

主修人：農官鄧可法、王天資、馬□□、王殿魁、馬元□。

總理人：耆賓馬□□、賈德祥、馬友仁、王天慶、王德、郭五寧、李盛春、馬天娃。

買辦人：王□□、李□□、王□清。

今將合社施財花名登左：馬依仁銀五兩三錢七分，馬友仁銀四兩四錢三分，王天成銀三兩三錢七分，王殿魁銀三兩一錢五分，王天貴銀二兩五錢六分，郭五貴銀二兩三錢三分，□□義銀二兩二錢三分，馬吉禮銀二兩二錢二分，王登材銀二兩二分，王德銀二兩一錢六分，王永清銀二兩一錢五分，王裕海銀一兩九錢八分，李迎春銀一兩八錢二分，馬思梅銀一兩七千九分，賈□祥銀一兩七錢四分，馬□□銀一兩七錢，郭五泰銀一兩大錢八分，王喜禄銀一兩六錢一分，馬居仁銀一兩五錢九分，李生華銀一兩五錢七分，馬元慶銀一兩五錢四分，賈□□銀一兩二錢八分，王存智銀一兩二錢六分……

鐵筆匠景大安刻。

大清咸豐九年歲次己未秋七月下浣之吉立。

809. 北益昌村南北渠用水規序碑

立石年代：清咸豐九年（1859 年）
原石尺寸：高 140 厘米，寬 60 厘米
石存地點：臨汾市霍州市辛置鎮北益昌村媧皇廟

〔碑額〕：皇清

嘗思池塘之設，所以資灌漑而育萬民也。我益昌村南溝，古有清水澗河一道，由霍州北泉裡村溝下發源，有泛水泉眼七處，轉流□河。水有二分，而水固與北泉裡村無與焉，誌書所載甚明。自溝後流行村邊狐圪塔坡下，先輩之人分爲南北二渠。先北渠分上中下三節，輪流澆灌，至於澆完又輪至南渠，而南渠係屬一節，至於澆完，周而復始，有碑可考。共計水地二百餘畝，每畝該納粮銀一錢五分九厘，□該納三十兩有零。縣主太爺每年擇其人品端正、家道殷實者，命舉渠長經理渠事，以治水灌地。工房有注水册僉狀可証，迄今數百餘年矣。而溝後又有城地三十多畝，修治平坦，稱爲餘水地畝，截水澆灌，以致溝前水地用水不足。且而南北二渠上，近渠之旱地亦有修做成爲水地者，截攔混澆，殊覺不成事體。然當行潦之時猶可，如遇天旱之歲，旱地截攔混澆，水地不免受旱。是以非苗而不秀，即秀而不實，而萬實幾難以告成矣。以故而爭端訟事有斷然者，村人憂之。敢言成規之弗善哉？第人心不古，雖欲率由舊章而不能。因此合社香首□渠長商議，公舉督工首事五人，在河底佃上龍王廟下公社地內，掏築池塘一塊，以積餘水。從此水地不惟澆灌合時，而且餘水地亦不受旱，五穀豐登，農夫之慶陶陶然，協和成風，而村中猶有截水澆灌之爭端者幾希矣。於是爲序。

子哲郭之彥撰，男儒生廷傑書。

耆賓郭心田、趙文強、靳恒德、趙其德、郭全；督工郭保法；香首郭之彥；渠長趙保家、靳玉貴、郭自隆、郭世洪、郭寶玉。

住持自在，徒道遜，徒孫昌矩。

時大清咸豐玖年歲次屠維協洽孟冬之月合社公立。

810. 重修碑記

立石年代：清咸豐十年（1860 年）

原石尺寸：高 170 厘米，寬 72 厘米

石存地點：臨汾市永和縣打石腰鄉石窰溝

〔碑額〕：千古不朽

重修碑記

　　嘗聞莫爲之前，雖美而弗傳，莫爲之後，雖盛而弗彰。今石窰溝石洞，開於地僻，古佛出自天成，上下兩社奉祀，由來久矣。而石洞前築石成臺，爲祭天禱雨之處。凡值亢旱，遠近之人，皆來取水祈雨，無不靈應，真我上西路之一勝境也。咸豐捌年陸月拾伍日，兩社共赴神會，見龍王戲樓上蓋疏漏，下陵傾危，於是公議，重修石窰，爲兩社永久之計。後塌枕頭窰一孔，前戲窰一孔，神窰二孔。但功程頗大，兩社雖支，募及外社，工始完全。因又重金大士聖像，新塑囗王、蟲王二座。告竣之後，勒碑刻銘，衆糾首問序，遂以誌其本末云爾。

　　邑增生馬上駿撰并書。

（以下碑文略而不録）

　　大清咸豐十年歲次庚申孟夏月吉旦。

演武鎮賑濟碑誌

自古救荒之策莫善於賑濟況鄰里鄉黨義所當周斷未有任其枵腹而不相顧卹者也兹因

比歲不登糧價騰貴貧人饔飧不繼者指不勝屈諧閭桑梓勢難視若秦越但來殷實之戶

甚屬寥寥惟壽聖寺奎星社各捐舊存公項以為賑濟之費於是村中及各社

糾首公議章程輪班經理並請

縣主出示彈壓凡村中花戶果係赤貧產者令預先赴廟報名編明號簿散給竹籤每

止統計男婦老幼賴以舉火者五百餘人謂非吾村之善舉也哉後之仁人君子倘過荒年必

有遵而行之者是不可無以誌之也並將各社捐翰銀數及經理糾首姓名勒之貞珉用垂不

朽

逢三八日執籤領米按平升大口每日給米一合五勺小口每日給米一合自二月起至四月

試用儒學訓導稟貢生

候選府經歷附貢生

王維綱
王書勳　王其綸　王敬厚
王新桂　王心政　王琮林　王紹勳
　　　　王星瑞　王爾靖　王士忠
　　　　王書綾　王森泰　王寶德
　　　　王維業　梁天貴　王敬鐘
　　　　王鳳勳　王爾寶

王一新業　撰文
王宣設　書丹

東奎星社捐銀伍拾兩
壽聖寺捐銀壹伯兩經理糾首
西奎星社捐銀伍拾兩
文昌社捐銀壹伯兩
咸豐十二年四月公立

王心敬
王維業
王鳳勳
王翮桂
梁天長
王紫垣

811-1. 演武鎮賑濟碑誌（碑陽）

立石年代：清咸豐十一年（1861 年）
原石尺寸：高 172 厘米，寬 70 厘米
石存地點：呂梁市汾陽市博物館

演武鎮賑濟碑誌

自古救荒之策，莫善於賑濟。況鄰里鄉黨，義所當周，斷未有任其枵腹而不相顧恤者也。兹因比歲不登，糧價騰貴，貧人饔飧不繼者指不勝屈，詣關桑梓，勢難視若秦越。但近來殷實之户甚屬寥寥，惟壽聖寺、奎星社、文昌社各捐舊存公項，以爲賑濟之費。於是村中及各社糾首公議章程，輪班經理并請縣主出示彈壓。凡村中花户，果係赤貧如洗，毫無資産者，令預先赴廟報名，編明號簿，散給竹籤，每逢三、八日執籤領米。按平升大口，每日給米一合五勺，小口每日給米一合。自二月起至四月止，統計男婦老幼，賴以舉火者五百餘人。謂非吾村之善舉也哉！後之仁人君子，倘遇荒年，必有遵而行之者，是不可無以誌之也。并將各社捐輸銀數及經理糾首姓名勒之貞珉，用垂不朽。

試用儒學訓導廪貢生王新業撰文，候選府經歷附貢生王宣謜書丹。

東奎星社捐銀伍拾兩，壽聖寺捐銀壹百兩，文昌社捐銀壹百兩，西奎星社捐銀伍拾兩。

經理糾首：候選按察司司獄王新桂、知州銜四川南川縣知縣王臣福、七品軍功王星瑞、廣西永寧州知州王榕、邑庠附生王心敬、王爾達、從九王維綱、監生王心政、梁維綱、王書綾、從九王維業、吏員王應啓、布政司經歷王書勛、從九王琮林、耆賓梁天貴、從九王森泰、長□□經歷王鼎勛、從九王嗣桂、邑增生王其綸、守禦所□□王紹勛、吏員王爾靖、王寶德、國子監典簿王昌勛、梁天長、王敦厚、王賜成、王士忠、王敬鐘、從九王域、王紫垣。

住持：同修、同和，徒宣極，孫祖禪、祖榮、祖林。

石工劉天和鐫字。

咸豐十一年四月公立。

光緒三年八月初一日奉

縣主 方堂諭賞因連年荒旱勸捐賑濟自十月十六日起散至四年四月十六日止共極次貧民大小九伯餘口皆賴以

舉火為誠善事也 余可惟恐年深日久湮沒功德遂將捐輸人名字號開列於左以垂不朽

恩賜

倉穀拾叄石制斗叄升陸合各

敷果加五大斗壹伯玖拾叄石制斗叄升貳合

車中 功議敬從 九衛

值年經理社首

梁增榮

王永棠

王正基

王叔培

王仕靖

王濟勳泉安堂

書一丹

住持同修 和尚 春泉鑑

張元朗 王宣誥

王其燭

王森泉

王其紀幫辦賑務

811-2. 演武鎮賑濟碑誌（碑陰）

立石年代：清咸豐十一年（1861 年）
原石尺寸：高 172 厘米，寬 70 厘米
石存地點：呂梁市汾陽市博物館

光緒三年八月初一日，奉縣主方堂諭，實因連年荒旱，勸捐賑濟。自十月十六日起，散至四年四月十六日止，共極次。貧民大小九佰餘口，皆賴以舉火焉。誠善事也。余等惟恐年深日久，掩没功德，遂將捐輸人名字號開列於左，以垂不朽。

軍功議叙從九銜王濟勛書丹。

王維城捐錢壹百貳拾千文，王尊亮捐錢壹百貳拾千文，承啓堂捐錢壹百千文，房寬恕捐錢陸拾貳千文，王紹勛捐錢伍拾千文，王懋勛捐錢伍拾千文，王敬惠捐錢貳拾伍千文，王心政捐錢貳拾千文，王爾慶妻捐錢貳拾千文，侯富喜捐錢壹拾玖千文，王其箴捐錢壹拾捌千文，王鎮捐錢壹拾柒千文，王叔培捐錢壹拾叁千文，郝錦裕捐錢壹拾貳千文，王其緒捐錢陸千文，王永棟捐錢叁千文，王寶善捐錢貳千伍百文，王尊賢捐錢貳千文，朱德政捐錢貳千文，温良漢捐錢貳千文，義錦當捐錢伍拾千文，萬和長捐錢叁拾柒千文，萬源泉捐錢叁拾千文，復盛公捐錢貳拾玖千文，同元聚捐錢貳拾柒千文，義慶協捐錢貳拾千文，日興德捐錢壹拾千文，玉盛合捐錢壹拾千文，協義公捐錢壹拾千文，義興泉捐錢壹拾千文，裕馨和捐錢壹拾千文，德順成捐錢玖千文，三盛永捐錢玖千文，達順長捐錢柒千文，大興成捐錢伍千文，興盛魁捐錢伍千文，雙盛和捐錢伍千文，源遠居捐錢伍千文，元隆泰捐錢叁千文，玉盛成捐錢貳千伍百文，德盛長捐錢壹千文，范兆勛捐錢壹千伍百文，王光賓捐錢壹千文，王森泰捐錢壹千文，王鳳書捐錢壹千文，王濟勛捐錢貳千文，王永棠捐錢壹千文，王仕清捐錢壹千文，梁增榮捐錢壹千文。

恩賜倉穀倉斗壹百玖拾叁石捌斗叁升陸各〔合〕，穀米加五大千壹拾捌石叁斗叁升貳各〔合〕。

值年經理社首：王仕清、從九王濟勛、從九王森泰、生員王其紀、六品軍功王永棠、梁增榮。

幫辦賑務：梁安堂、生員王其熾、生員張元朗、加西同知王宣誥、生員王其炯、生員王正基、從九王叔培。

住持同修、同和。

石工黄春泉鐫。

〔注〕：此碑碑陰爲利用清咸豐十一年舊碑于光緒四年重刻。

812. 城壕堰移建店殘碑

立石年代：清咸豐十一年（1861 年）

原石尺寸：高 76 厘米，寬 74 厘米

石存地點：朔州市朔城區崇福寺文管所

……城壕堰舊有……乾隆之廿有九年焉……來寂然無聞焉，且其殿止……昔人限於財力，以致規模之未備歟？然而車塵馬迹擾擾，殿……而屢豐年者皆神所賜，而置妥侑之區於不問可乎哉？庠生……慨然有移建之舉，一倡百應，各傾己囊，閱二載而工乃竣。正殿……之數，則左右增兩楹焉；屋之數，則東西構二間焉；墻之數，則四……及畫績□堊之需，約費二百二十金有奇。雖不敢與古刹名禪同……於穆清。廟又曰□宮有恤，蓋言廟之宜深而且静也。而張公之舉……非也，昔人之所……今人之所未備，復有望於後。後之……神之道在是，蒙庥之□□□□矣。是爲記。

（以下碑文漫漶不清，略而不録）

□豐十一年榴月榖旦。

813. 前桑壁村龍王廟碣文

立石年代：清咸豐十一年（1861年）

原石尺寸：高54厘米，寬59厘米

石存地點：臨汾市永和縣芝河鎮前桑壁村龍王廟

　　盖聞：神威赫奕，千秋有毖祀之瞻；廟貌巍峨，百代□□□之覆。矧行雨龍王尤爲靈昭昭者乎！本邑桑壁峪村，舊有龍王廟宇一所，創建有年，翚飛煥彩。無如歷年既遠，風雨飄搖。棟宇傾圮，難伸俎豆之儀；金碧掩光，莫展椒香之献。每爲奠祀，無不觸目傷心也。茲者合村人等，虔心起造，立願重興。特以上棟下宇，非一木之可成；斯革斯飛，賴十方之協力。但願村人有以散商仙之黃金，捐資樂貢，庶可運公輸之貌。今鳩匠經營，將見五方十雨，慶豐亨而旗魚早占也已。謹以糾事工人姓名開列於後：

　　馬來朝、李德全、馬清廉、景修發、李鴻儒。

　　大清咸豐拾壹年瓜月穀旦。

清（四）

1759

814. 大槲樹村禁約碑

立石年代：清咸豐十一年（1861 年）

原石尺寸：高 145 厘米，寬 47 厘米

石存地點：晋城市陵川縣附城鎮大槲樹村佛爺廟

〔碑額〕：百世流芳

蓋人生天地之間，惟命大有所關，焉敢輕生自賤，况人愛欲其生，惡欲其死也。雖然，亦有愚夫愚婦之輩，意間能動不測之念，而捨鞠養之恩，弗慮持家之遠，殞身喪命。其妒莫大於是，深爲可恨。村中父老因鑿文硯聚氣之池，自立莊以來，歷年絕無源泉之水。因水老幼晝夜奔忙，勞瘁不辭，同願鑿池，免此四方取水之害。今有愚婦膽敢投池殞命污水，實係敗産傾家，而且有害文硯潔静之池。抵防後有仍蹈前轍，公舉嚴禁。之後人心正，風俗淳。是以爲序，永垂不朽。

一議：男婦投池喪命、投崖、奔井、尋繩自縊者，止許蘆席一條。倘若成訟，于事主無干，本社應承到底。

一議：本村閨女出嫁外鄉，無論投崖、奔井、尋繩自縊，任男家發落。

一議：池邊百步界内不許培養樹木。

一議：街巷溝渠道路通池引流，不許壅塞堆積糞土灰滓。

應之奉茂鄉拜并書。

石工張玉鳳刊。

維首、社首同刻。村人等公立。

時龍飛大清咸豐拾壹年歲次辛酉十月中浣吉日。

清（四）

815. 重修龍王廟碑記

立石年代：清咸豐十一年（1861 年）

原石尺寸：高 96 厘米，寬 62 厘米

石存地點：呂梁市石樓縣羅村鎮

〔碑額〕：□芳百世

嘗聞天下事，有得已而爲之者，有不得已而爲之者。得之謂之多事，不得已而不爲謂之□事；多事不可也，事更不可也。而況石邑四村舊有龍王廟一座，伯王、牛王、馬王、□王，又有神廳樂樓，不知始自何年，創自何代，迄今年遠日久，棟折椽崩，事之不□□王□□王不忍急以爲之者也。是以合相村人等相聚共議，情均願修。所費浩大，邑人……協力，募化四方，仁人君子，量力疏財，共成盛事。經始善，不可没之□云尔。

（以下布施人略而不録）

石匠王步奎。

大清咸豐十一年十一月十八日立。

816. 小霍渠碑

立石年代：清咸豐十一年（1861 年）
原石尺寸：高 130 厘米，寬 60 厘米
石存地點：臨汾市洪洞縣明姜鎮早覺村二郎廟

〔碑額〕：皇清

嘗聞堤防之設，水澤是備；溝洫之制，灌溉是因。吾邑官庄村舊有小霍一渠，其脉發於廣勝之下，其渠開於慶曆之間，迄今大修小補，歷歷可考。獨是事之成也，成以人，不得其人則不成，得其人而游移於心則亦不成。去歲仲夏，山水陡發，冲壞石坡、龍口、渠壠等處，彼時稍加修築，暫爲澆灌。此第爲一時之計，詎得謂之常計乎！幸今春掌例履之王公、學書溫公、基深郭公，竭力秉公以爲己任，爰集各社公直，商酌議定：每夫攤錢壹仟五百文，每磨攤錢叁仟文，共斂錢貳佰叁拾仟有零。即擇日動工，大興土木，不數日而石坡之工成，又數日而龍口渠壠之工亦成。斯時也，工已竣而項有餘，遂置桌椅檐紬等物，又兼修理廟內正殿、獻殿、東西兩廊，創建馬棚三間，鼓亭一間。今而後煥然改觀，非諸公之善爲籌畫，不憚煩勞，曷克臻此！兹值勒石之期，命予作序。予學淺才疏，不揣固陋，聊弁数語，以誌□□庶不負諸公之□盛意云爾。

候選分巡司李正秀撰文。邑庠生王□坦書丹。大文□典□溫德林篆額。

（以下督工總理芳名略而不録）

巡水：喬永□、劉□、□□□。

住持：□壽。徒：盛德。

石匠：王若漢。

咸豐十□□夏立。

咸豐十一年

白龍泉

祁巂藻題

817. 白龍泉碑

立石年代：清咸豐十一年（1861 年）

原石尺寸：高 105 厘米，寬 41 厘米

石存地點：晋中市壽陽縣鹿泉山古寺廢址

咸豐十一年。

白龍泉。

祁寯藻題。

清（四）

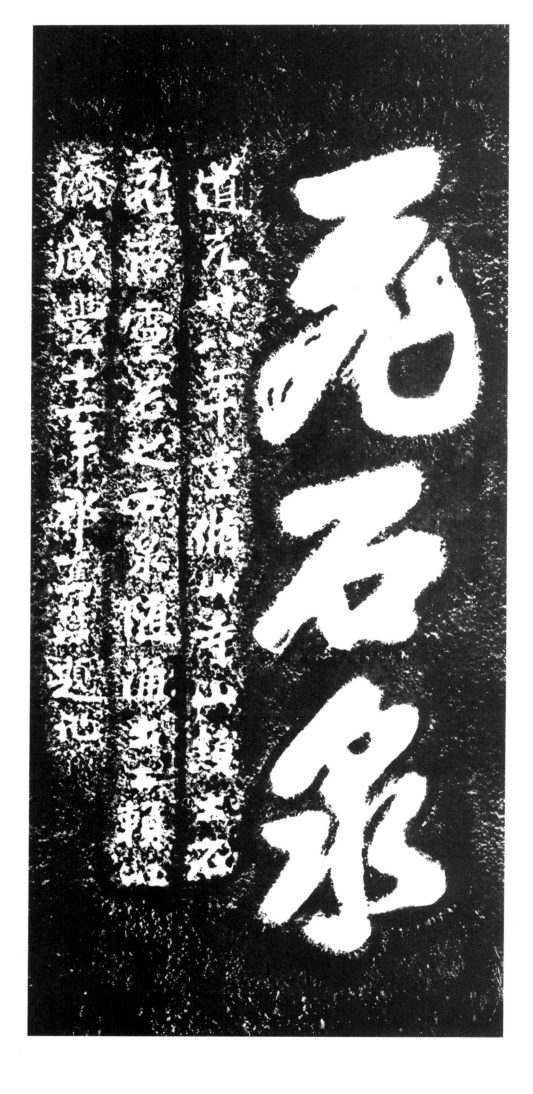

818. 飛石泉碑

立石年代：清咸豐十一年（1861 年）
原石尺寸：高 145 厘米，寬 63 厘米
石存地點：晉中市壽陽縣鹿泉山古寺廢址

飛石泉
道光廿八年重修山寺，山巔大石飛落靈岩之右，泉隨涌出，工賴以濟。
咸豐十一年祁寓藻題記。

819. 龍頭山靈泉碑

立石年代：清同治元年（1862年）
原石尺寸：高46厘米，寬96厘米
石存地點：晋城市陵川縣崇文鎮嶺常村龍王廟

　　龍頭山舊有瀑泉，著靈今昔，清泠汩汩，經年不息，實陵川風水所鍾聚也。其神不獨闔城頂敬，即鳳高民人，歲多禱雨來斯。今春二月，忽然點滴細流，水枯欲竭。適余偕同寅拈香至此，驚詢厥由，僉曰近處開墾煤窑所致，當令及時封堵，以蘇地脉。八月初，泉水忽涌流如故。寺僧云："當未發水之前三日，適有小蛇一條，金鱗赤色，長不滿尺，旋走石池内，霎時身尾盤聚，昂首向天，夜即飛去。翌日，霖雨大作，阡陌盈科，年登大有。"噫！其殆神龍之化身歟！爰題俚語，以當示戒。

　　靈泉忽告竭，乍流旋乍歇。釋子向余言，煤窑傷地穴。禁令急封堵，免教元氣泄。自春以徂夏，土脉漸蘇徹。譬如樹欲枯，勿戕自發越。又如人久病，調停活氣血。秋風飄桂子，氣機轉八月。天人相感召，潰泉回湍咽。晝夜濺珠急，農夫兢喜悦。禾黍滋以長，菜瓜盈陌結。長與民爲福，白子西詩切。聞道三日前，龍子石池旅。計長不滿尺，盤結身尾卷。昂頭仰水面，似請命玄天。神物不輕見，在田或在瀾。福區豈方石，蟠膺競乘乾。一泓寒溜碧，萍藻化雲烟。誰擲葛陂杖，幻出金鱗全。誰投雷澤梭，頻添玉乳漩。龍來人莫測，龍去民食德。膏澤潤枯鮮，山光悦顔色。澄源穿地窟，終古長不息。莫徒仗神功，栽培貴人力。回頭語士庶，勿罪及地脉。貪得蠅頭利，風水傷曷極。五里禁煤廠，舊章留石刻。詩成不計工，聊以當戒飭。後之司土者，示禁尤亟亟。

花翎運同銜知陵川縣事楊光海謹題。
同治元年歲次壬戌小陽月穀旦。

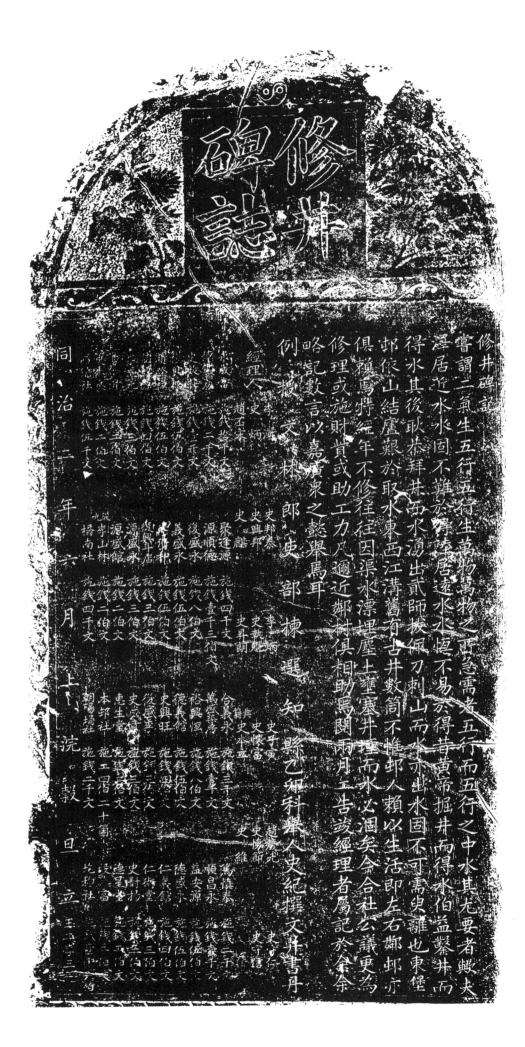

820. 修井碑記

立石年代：清同治二年（1863年）

原石尺寸：高120厘米，寬62厘米

石存地點：長治市武鄉縣韓北鄉東堡村觀音閣

〔碑額〕：修井碑誌

修井碑記

嘗謂二氣生五行，五行生萬物，萬物之所急需者五行，而五行之中水其尤要者歟！夫澤居近水，水固不難於得；陸居遠水，水恒不易於得。昔黃帝掘井而得水，伯益鑿井而得水，其後耿恭拜井而水涌出，貳師拔佩刀刺山而水亦出，水固不可須臾離也。東堡村依山結廬，艱於取水。東西江溝舊有古井數筒，不惟村人賴以生活，即左右鄰村亦俱賴焉。特經年不修，往往因渠水漂埋，塵土雍塞，井堙而水必涸矣。今合社公議，更爲修理，或施財資，或助工力，凡邇近鄰村俱相助焉。閱兩月工告竣。經理者屬記於余。余略記數言以嘉廣衆之懿舉焉耳。

例授文林郎吏部揀選知縣乙卯科舉人史紀撰文并書丹。

經理人：□生李澍、史炳、趙丕宋、史邦泰、史興邦、史麒、李炳、史執魁、史昇朗、史子寅、史懷富、典籍史本立、趙慶元、史懷節、史維、史□仁、史守信。

永城當施錢拾千文，□□□施錢二千文，□□□施錢壹千文，□□□施錢伍佰文，□登□施錢伍佰文，□□□施錢四佰文，□□元施錢三佰文，□□□施錢二佰文，□□□施錢二佰文，西□社施錢伍千文，聚逢源施錢四千文，源順德施錢壹仟三佰文，復盛永施錢八佰文，義盛永施錢伍佰文，□□□施錢伍佰文，□興斗店施錢三佰文，源盛永施錢三佰文，源盛館施錢二佰文，從九李山林施錢二佰文，橋南社施錢四千文，合義永施錢三千文，萬盛染坊施錢壹千文，裕興恒施錢八佰文，德義館施錢伍佰文，史興旺施錢四佰文，復盛李施錢三佰文，史成□施錢三佰文，惠生堂施錢三佰文，本村社施工四佰二十個，朝陽埒社施錢二千文，篤慎泰施錢二千文，順昌永施錢壹千文，益安源施錢伍佰文，德盛永施錢伍佰文，仁義館施錢四佰文，仁術堂施錢三佰文，史□揚施錢三佰文，德星堂施錢二佰文，段□富施錢三佰文，圪□社施錢壹千六佰文。

玉工：李三元。

同治二年六月上浣穀旦立。

821. 重修龍王廟碑記

立石年代：清同治二年（1863 年）

原石尺寸：高 50 厘米，寬 69 厘米

石存地點：臨汾市汾西縣永安鎮貼金村龍王廟

廟西南隅有隙地焉，可作磚窰二孔。緣地係王毓醇者，前未邊作。是春，父老計議，以村西邊古廟空地易之，乃得葺成。費錢捌拾餘千，俱係社人按地公攤。此雖細事，亦不可不誌，以垂後云。

鄉首：王際習、伍金魁、王中倫、王文倫、任恩有、王儀一。

糾首：郭宗孟、王陞魁、趙永昌、王克昌、王占魁、趙純儒、王鶴□、王兆熊、任彥魁。

大清同治貳年相月吉日誌。

同治二年六月吉其

列字岩富耀

不朝住持珪明　能洪　法靜仝

經理人

趙永旺
趙樹花

志雅熙

足穩

邵寧□俤張忠顏撰並書

誠易同□天一生水以是如水之所俗
参武今於村廟內有住持僧某好善者之志
老而勞為捐資而鑿井施是以利公後村頭二甲
全恃此水以養生衆志欣然而誠成木橋固陋
物资而為之記以圖永久云

822. 鑿井碑記

立石年代：清同治二年（1863 年）

原石尺寸：高 52 厘米，寬 51 厘米

石存地點：呂梁市離石區鳳山街道西崖底村虎麓寺

　　嘗讀《易》曰天一生水，以是知水之所係人矣哉。今我村廟內有住持僧慧明者，好善之心，老而彌篤，捐資而鑿井，施恩以利人。故後村頭二甲人，欲以此水以養生衆志，欣然而誠成。予不揣固陋，搦管而爲之記，以圖永久云。

　　郡庠生張心顏撰并書。

　　經理人：張維熙、張廷楹、趙永旺、趙樹花。

　　本廟住持慧明，侄能興，孫法靜叩。

　　刊字岩富耀。

　　同治二年八月吉立。

英濟侯廟重修碑記

凡世之立廟以祀者必其人嘗有功德於民間至功之在人而為時所忌以罹非常之禍尤為人情之所哀而欲享祀於無窮者

也則有如英濟侯實公良足遘焉侯名犨字鳴犢為晉大夫趙歜獸俜侍之以從敗考史記魯寇公三年行適晉聞趙簡子殺賢大夫鳴犢竇犨華臨河不濟嘆曰晉之賢大夫也遭傷其類蓋深喜之之詞當趙鞅人而賢德著於天下己恍是矣而列石特立廟以祀之者意侯武範守茲土德澤及人柳列石為汾水出山處則侯之治侯晉治川事時晉公室卑權在私門順之者生逆之者死侯為公室大夫安知非為城幹弱枝之謀胸懷權臣之忌以至殺死其承黨於靳人而賢德著於天下己恍是矣而列石特立廟以祀之者意侯武範守茲土德澤及人柳列石為汾水出山處則侯之功

水與利以有功於此乃彝豆以奉之此廟建不知始於何時然舊碑尚有大元皇八年汾水

德同足蒸嘗於百世而思其功德於其賢向見殺者尤欲俎豆以來奉之此廟建不知始於何時然舊碑尚有大元皇八年汾水

淹沒廟址舍蕪無可考我邑慷所鼓舞益累於弗囊而說於予雜慕

朝乾隆十九年重修迄今又百餘年矣人人殷子旦川漸形傾圮鄉中父老蒼捐貲鳩工蝕其式而範之裘嵗百穀大稔谷日神之所賜

久而己久后代修葺其苦無邨碑以考我之為久久嘉鄉人之崇德報功矢慎矢勤而樂為之記

乙卯科舉人侯蓮和號一郭邨序庠生員史敬書

曲沃縣學庠生員史敬書

大清同治六年歲次丁卯孟冬穀旦

823. 英濟侯廟重修碑記

立石年代：清同治二年（1863 年）
原石尺寸：高 220 厘米，寬 82 厘米
石存地點：太原市尖草坪區竇大夫祠

英濟侯廟重修碑記

凡世之立廟以祀者，必其人嘗有功德於民間。至功德在人而爲時所忌，以罹非常之禍，尤爲人情之所哀而欲享祀於無窮者也，則有如英濟侯竇公，良足述焉。侯名犨，字鳴犢，爲晋大夫，趙鞅嘗倚之以從政。考《春秋》定公十三年書"晋趙鞅人于晋陽以叛"，蓋深惡之之詞。又考《史記》，魯哀公三年，孔子將過晋，聞趙簡子殺竇鳴犢、舜華，臨河不濟，嘆曰："晋之竇大夫也！"連傷其類，蓋深嘉之之詞。當趙鞅用事時，晋公室卑，權在私門，順之者生，逆之者死。侯爲公室大夫，安知非爲强幹弱枝之謀，觸權臣之忌以至於死，其不黨於叛人，而賢德著於天下，已可概見矣。而列石特立廟以祀之者，意侯或蒞守兹土，德澤及人，抑列石爲汾水出山處，侯嘗治水興利以有功於此鄉歟？書缺有間，其詳不可得聞。又況近世以來，禱祈雨澤，有感輒應，群黎百姓久爲傾心乎？然則侯之功德故足烝嘗於百世，而凡思其功德，哀其賢而見殺者，尤欲俎豆以奉之也。廟建不知始於何時，然舊碑載有宋元豐八年，汾水淹没廟址，舍舊圖新，其由來已久。歷代修葺，苦無碑碣可考。我朝乾隆十九年重修，迄今又百餘年矣，殿宇垣墉漸形傾圮。鄉中父老捐資鳩工，踵其式而新之。是歲百穀大稔，僉曰："神之所賜也。"歡忻鼓舞，益思報享於弗衰焉。工既竣，囑記於予。予雅慕侯之爲人，又嘉鄉人之崇德報功，矢慎矢勤而樂於從事也。是爲記。

乙卯科舉人候選知縣鄭蔚華謹撰，陽曲縣學儒學生員史繼魚敬書。

大清同治貳年歲次癸亥孟冬穀旦立。

824. 增修老爺三官龍王廟禪室戲房碑記

立石年代：清同治三年（1864 年）
原石尺寸：高 166 厘米，寬 55 厘米
石存地點：朔州市懷仁市何家堡鄉趙莊村新廟

〔碑額〕：萬世流芳

增修老爺三官龍王廟禪室戲房碑記

蓋聞莫爲之前，雖美弗彰，莫爲之後，雖盛弗傳。今人爲之者，所以欲得前美而傳□盛者也。夫以□村建立正□□□人之□□□其美矣。所有禪室、戲房□□損壞，□與正殿、樂樓太不相配，故合會之人目睹心傷，久懷欲……神默佑□□豐，在會者感人斯念，議定□修省事之法，同力合作，共望□□。自咸豐六年，先□修上禪房二間……人皆喜悅。及至同治□又增修東戲房三間，花費仍照前規。迄今又增修西□□三間，工程頗大，恐人畜□錢不……聖宰。夫既衆人有向善之誠，安得不傳？因竪碑石，將善氏芳名刻□於左，永垂不朽云。

懷仁縣儒學庠生彭世緯敬撰，介賓邢應選敬書。

經理人：孫天□、彭世□、郭晟、彭計……

石匠：孫恒。

刻字：李□、□□□。木匠：王公。泥匠：管作仁。

後補經理人：張仲德、王□□、彭□、彭元、孫有。

三次工皆告竣，將三次花費錢文開載明白，以諭後人。

自咸豐陸年動工，共人畜七百廿壹口，每口拔錢捌拾文。共□□□七千捌百文。每門拔工四個，牛犋每犋管飯貳口，拉土壹車。同治元年蓋東□房三間，人畜攤錢六拾四千捌百文，門子拔工貳個。牛犋管飯照□。三年蓋西會館三間，存□磚瓦錢乙拾七千伍百文，上布施錢四拾四千九百乙拾文，齊錢每口五十文。

共拔錢卅九千捌百文。共賣雜項錢六千七百捌拾文。二宗共入錢九拾乙千四百九拾文。

共買椽木、丁子、鐵匠工錢、雜項錢六拾貳千七百六十文。出石、泥、木匠工錢四千文。

三宗共牛□管飯，每犋管飯拾四口，拉土三車三次。每門共拔工捌個，鑒碑花錢拾貳千文。

住持僧本源。

龍飛同治叁年歲次甲子蒲月下浣穀旦。

825. 陶唐峪玉泉水各村用水碣記

立石年代：清同治三年（1864年）
原石尺寸：高45厘米，寬75厘米
石存地點：臨汾市霍州市陶唐峪鄉南程村聖王廟

自来前人之所創者，即後人之所當因也。閱郡治儀門內西面，於嘉靖三十八年八月吉日，有舊立臥碑誌者。陶唐峪玉泉水利舊爲四分，止許滋人畜，溉田不足一。偏墻村、張家圪垛、湾裡、茹村、窑子頭、青郎村、程村，每分輪流七日，歷有成案，爲定規。至嘉靖卅八年六月內，茹村民刘廷玉、釗大清糾衆創開新渠，截流水道，澆灌旱地五十餘畝。窑子頭村地戶李潤等，具實赴告本州。蒙知州老爺褚留心民瘼，問斷如律，命典膳官馬鳳梧督工，令窑子頭各地戶建亭，樹碑於陶唐峪避暑行居，爲永久息爭計。于時四鄉人民公沐利澤，而我賢父母一體子民之仁，將流人民骨髓而無窮矣。

仍將輪流日期開后：一、程村每輪使水七日；青郎村每輪使水七日；茹村及窑子頭每輪使水七日，每村三日半；偏墻村、張家圪垛、湾裡三村，每輪使水七日。

是碑也，案成規定，水利分明，四社攸關，千秋宜存。迄今字多損壞，幾于湮没，故我村因爲公議，刊石録舊，惟懷永圖，不惟不忘按律決斷之公于當年，亦且堪杜倒亂紛更之患于後日云爾。

祭泉舊規開后：

一、每年清明日，四社輪備祭泉之儀，首事社除備祭猪、紙、燭、香、酒外，另備攢盒八個，與三社相同，在峪口前大石側。一切器皿係張家圪垛備辦。

一、大石后分爲南北二渠，清明日水係程村潤渠，后一日始挨上渠使水，程村、偏墻、張家圪□、□裡俱係南渠，青郎村、茹村、窑子頭俱係□□。

□□□□清明日四社商議訂期興工。□□□□渠各興各工。

儒學生員靳三元撰書。

總管：靳沂秀、馬鳳誌、楊永安、苟永奎、武永盛。

香首：武永年、閆永集。

石匠：甯建富。

時同治三年孟秋穀旦社立。

826. 重修財神龍王窑神廟碑記

立石年代：清同治三年（1864 年）
原石尺寸：高 130 厘米，寬 62 厘米
石存地點：朔州市平魯區白堂鄉黨家溝村西北龍王廟

〔碑額〕：福緣善慶

重修財神龍王窑神廟碑記

嘗聞行宮乃栖神之地，不整潔難以安神靈，體貌乃昭格之緣，如剝落何□□□。誠立聖地無疆，宏開利濟之休，神恩廣被，大啓生成之德。党家溝村，朔郡西北鄉之名區也，舊有龍王廟石殿一間，廟貌微小。至嘉慶二年，東建財神祠，富國裕民，爲生民所利資；西建窑神廟，開財宏用，爲社稷所憑依。規模巍廠，實以足觀。厥後屢爲補葺整修，□正殿東添建鐘楼一座，禪窑一間，於正殿西添建書房二間，石券窑三間。由此鐘□明住持栖遲，始可謂修華盛地也。無奈風霜雨露多年，仍歸剝落。至道光十年重修□□，□□丈餘。自是院宇廣□，人忻神悦，故廟貌宜崇而殿臺亦相稱焉。惜日久年遠，風雨飄搖，一切殿宇墙垣，台榭瓦石，□□殘剝落。鄉人咨嗟，不忍解責。於是薈萃合村衆經理，徹底修理。整舊翻新，□□一舉，而一村之人無不鼓舞助力，踴躍捐資，共成勝事。不日之間，聿觀厥成，此人心之好善，實神聖之□佑也。□字碑誌，以垂不朽云。

朔平府學廩生康爾緒薰沐謹撰，朔州儒學生員聶廷富沐手書丹。

石匠：邢世昌。木匠：□文英。泥匠：□□□。画匠：李茂林。

大清同治三年八月穀旦立。

827. 合莊建池碣

立石年代：清同治三年（1864 年）

原石尺寸：高 93 厘米，寬 59 厘米

石存地點：臨汾市鄉寧縣雲丘山

　　且吾人每攬［覽］山川，斯世居□之鄉，未有不賴就地□池以養牲者也。今余庄山野村居，地狹勢隘，無養牲之池，歷年久矣，□驅艱辛，莫是爲甚。因而合庄目睹心傷，各施資財，努功加力，不日告竣。其所以取地之地基，□□郭龍眼樂善永施。所有施財姓名開列於後，以爲□□不朽云爾。

　　東雍南掌朱先生敬撰，本庄業儒郭維祥書。

　　主土人：郭耆省。

　　總理：喬進鶴、邢大全、郭□□、郭□□、郭□□、郭□□、郭□□。

　　時大清同治三年九月吉日立。

828. 修聖母廟碑誌

立石年代：清同治三年（1864 年）

原石尺寸：高 155 厘米，寬 65 厘米

石存地點：太原市杏花嶺區小返鄉水溝村

〔碑額〕：流芳百世

修聖母廟碑誌

嘗聞山不在高，有仙則名，水不在深，有龍則□。時廟亦不在大，□應則神。此地有□聖母洞古□□，雖無碑石可考……何年。然當旱魃爲虐之時，以祈甘雨，甚覺□應。神靈則□靈，地靈□人。村中經理糾首目擊……毀不足以……理，衆皆樂從。但村小力薄，工大費繁，不□□□其任。既上布施於本村，□祈助緣於外鄉。一時善人君子，□□施財……百六十四兩四錢。爰是興工修理，不□□□貫，□□爲新基。舊貫西山□，新基壬山丙。靠北□洞，連修三洞，益見廟宇之闊大。向南□□，連接三廈，更覺廟貌之嵯峨。内金妝而外彩畫，焕然争新。上□□□者莫不喟然□曰："□□□哉！"昔日之土洞傾頹卑陋，今日□□□□燦新奇。廟以愈修而愈美，神以愈敬乃愈□□□□靈。祈福澤□靈，今而□求子得子、求壽得壽、求名得名、求利得利，□謂無□□□□祝即靈者，可爲兹洞之□母……囑余爲文。余略具俚言，勒諸貞珉，以誌不朽云爾。

壽陽縣西鄉李家山儒學副生李蹊字景魁撰文并書丹□□□□。

經理糾□十四□各隨布□開列於後：張文鴻施銀□兩又加施銀二兩六錢，張文貴施銀五兩又加施銀二兩，張全實施銀五兩又加施銀二兩六錢，程大發施銀五兩又加施銀二兩，李生□施銀五兩又加施銀二兩，高世□施銀四兩又加施銀一兩六錢，劉□施銀四兩又加施銀一兩六□，張文章施□四兩又加施銀一兩六錢，張文福施銀四兩又加施銀一兩六錢，張富昌施銀四兩又加施銀四錢，趙宗福施銀二兩五錢又加施銀一兩，程大昌施銀一兩五錢又加施銀六錢，張大武施銀一兩又加施銀四錢，張□□施銀□兩又加施銀四錢。

陰陽：胡貴生。

鐵筆：鞏應德，施銀五錢。

□□：楊占和，施銀二兩。

木匠：陳景花，施銀五錢。

□匠：韓□業，施銀一兩。

□匠：趙發金，施銀□□。

畫匠：汪成□、周全照，施銀二兩。

大清同治龍飛三年歲次上元甲子應鐘月上澣穀旦敬竪。

829. 重修五龍聖母廟碑記

立石年代：清同治四年（1865年）

原石尺寸：高110厘米，寬48厘米

石存地點：臨汾市蒲縣紅道鄉五龍聖母廟

〔碑額〕：流芳百代

鹿山之懷，有地名曰五龍洞。層巒聳翠，環□其間，鷲峰繚繞，排列其際。興雲則突兀，半空□合，降雨則滂沱，四野頓周。真一邑之福地也。生有石洞，洞內爲五龍聖母，時或禱晴，有感即應，恰值求雨，無禱不靈。歷代以來，莫不應如影響，故蒲之地，被聖深仁。蒲之民沐聖大德者，其原久矣。同治元年，丹妝洞內聖像，彩畫亭下樂樓。糾首劉子大昌，既盡心竭力經營，尤糾同合社募化。念神庥萬代無疆，欲民力永垂奕祀，故延工鎸刻，俱勒諸貞珉。庶後之願經理者，有以觸目而奮發，樂舍施者能以一見而歡欣也。今問序於余。余因不辭固陋，略志其鄙語云。是爲序。

邑恩進士候銓儒學教諭史清泉沐手撰并書。

糾首人等：鄭立芝、曹法智、馮開太、刘瑞林、刘大昌、宿忠俊、刘法榮、刘萬金、曹敬修、郭清廉，以上各五錢。

白村二兩五，張紅庄三兩五，古縣里三兩，好義村三兩，下刘村三兩，下宏道三兩，中柏村三兩，解家河葛家原三兩，圪人坡三錢，上大夫二兩七，坂底村二兩二，麦嶺里一兩四，仁義村二兩，百家原三兩，被子原二兩一，薛關村二兩，南凹里一兩，上紅道一兩，田家溝一兩三錢，略東村一兩，軍家山一兩，馬駒溝一兩，下白村一兩，下劉村一兩，河西村一兩，喬子灘一兩，南溝村一兩，背坡溝一兩六錢，百要子三錢，軍底坡三錢五，桐樹角四錢，張家峪一兩四錢，梁家庄一兩，安凹里一兩，山底村六錢，許家溝一兩，安凹背五百，卯里村三錢，軍地里三錢五，大水泉三錢，要子掌三錢，馬武里五錢，下黃土五錢，薰丕花三錢，西叉里二錢，石要溝三錢。

刘興盛二兩八，姚德心二兩七，閆元娃二兩七，馮有慶二兩七，王洪盛、張國財、牛建元、李德喜、李德忠，以上各一兩二。王法義、刘開全、張基業、姚開福、郭有法、張先義、田正清、宋孝棟、孔希傑、孔希厚、雷有順、崔進喜、曹希昌、張國柱、曹仁、史体仁、賈德懷、趙廷芝、史体恒、史体信、史体剛，以上各錢半。

畫匠曹壽兆、梁世威、刘慶邦、段榮錦，木匠吳克全、武至榮，以上各五錢。

石匠：黃居平。

住持孫應□。

時大清同治四年歲次乙丑三月穀旦立。

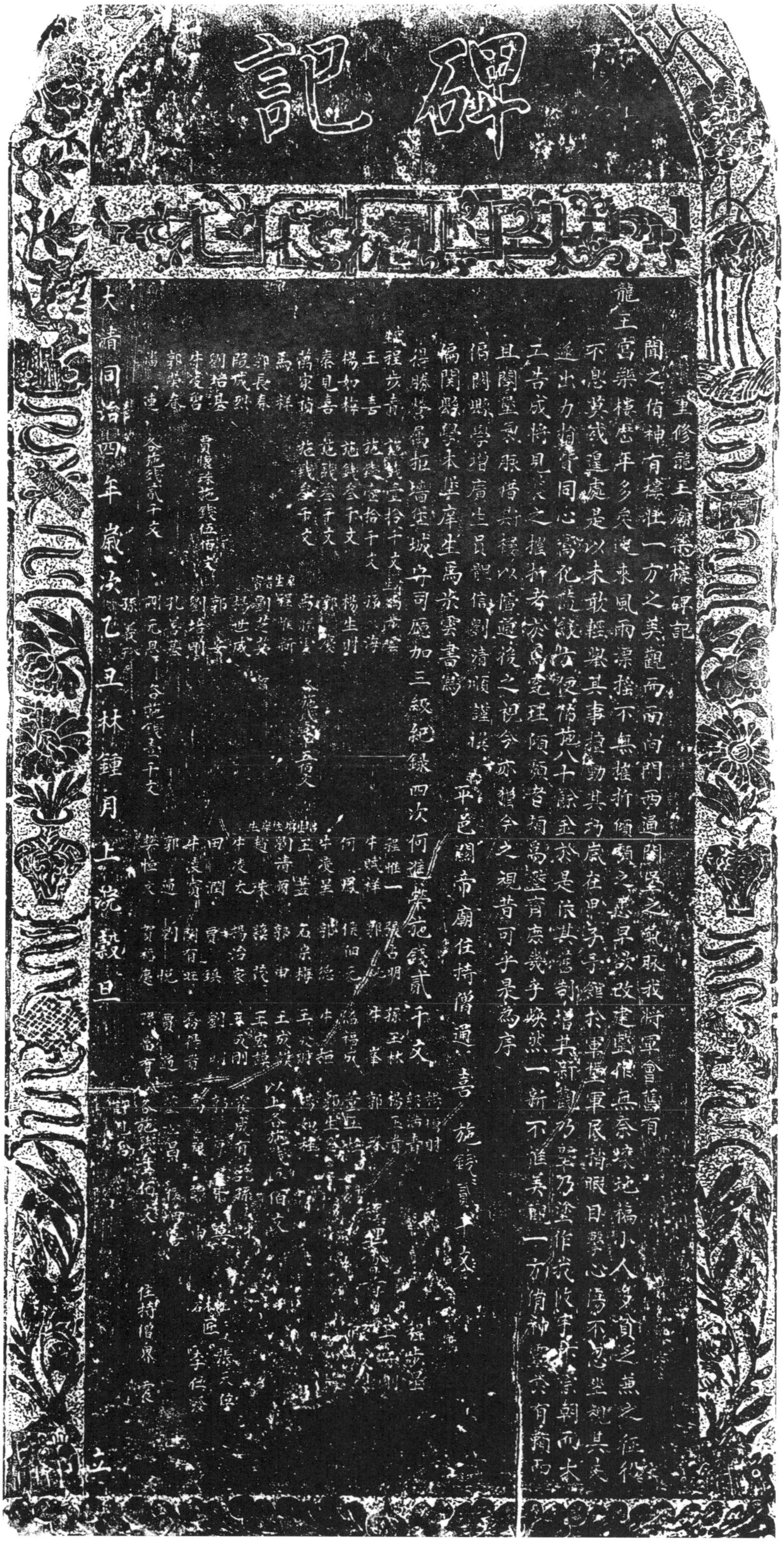
碑記

重修龍王廟樂樓碑記

聞之佾神有樓，壯一方之美觀，而面向門西通閣堡之氣脉。我將軍會舊有龍王宮樂樓，歷年多矣，邇來風雨漂搖，不無摧折傾頹之患。是欲改建戲樓，無奈斂地褊小，人多貧乏，兼之征役不息，莫或遑處，是以未敢輕舉其事。撿勤其功，歲在甲子，經於軍堡軍民，捐眼目擊心傷，不忍坐視，其某遂出力，捐貲同心籌化，旋緣六使，捐施八十餘金。於是依其舊制，增其新制，乃塑乃塗，作戲改宇，并令朝而工告成，將見之搖折者，於焉完理；傾頹者，旬爲巍齊。庶幾乎煥然一新，不唯美顧一方，俾神靈亦有藉而且閣堡氣脉，借斯樓以增，遵後之視今，亦猶今之視昔，可乎。是爲序。

偏關縣學增廣生員劉信、劉清順謹撰

偏關縣學末堡庠生馬崇雲書寫

平邑關帝廟住持僧通喜施錢貳千文

得勝堡屬拒墻堡城守司歷加三級紀録四次何進榮施錢貳千文

大清同治四年歲次乙丑林鐘月上浣穀旦 立

830. 重修龍王廟樂樓碑記

立石年代：清同治四年（1865年）

原石尺寸：高160厘米，寬67厘米

石存地點：朔州市平魯區阻虎鄉將軍會村

〔碑額〕：碑記

重修龍王廟樂樓碑記

聞之侑神有樓，壯一方之美觀，而面向門西，通閭堡之氣脉。我將軍會舊有龍王宮樂樓，歷年多矣，邇來風雨漂搖，不無摧折傾頹之患。早欲改建整作，無奈壤地褊小，人多貧乏，兼之征役不息，莫或遑處。是以未敢輕舉其事，擅動其工。歲在甲子，予館於軍堡。軍民稍暇，目擊心傷，不忍坐視其失，遂出力捐資。同心嚮化，隨緣方便，布施八十餘金。於是依其舊制，增其新觀，乃塈乃塗，作我攸宇。不崇朝而木工告成，將見曩之摧折者於焉究理，傾頹者□爲整齊，庶幾乎煥然一新，不維美觀一方，侑神靈於有賴，而且閭堡氣脉借斯樓以偕通。後之視今，亦猶今之視昔，可乎？是爲序。

偏關縣學增廣生員體信劉清順謹撰，偏關縣學本堡庠生馬步雲書寫。

平邑關帝廟住持僧通喜施錢貳千文，得勝營屬拒墻堡城守司廳加三級紀錄四次何進榮施錢貳千文。

武生程步青施錢壹拾千文，王喜施錢壹拾千文，楊如梓施錢三千文，秦見喜施錢三千文，萬家禎施錢三千文，馬祥、郭長春、段成烈、劉培基、牛凌碧、郭荣春、潘德各施錢貳千文，賈懷珠施錢伍佰文，庠生□□雲、孫海、楊生財、郭慶、馬□雲各施錢壹千五佰文，庠生程惟新、耆賓劉芝英、楊世成、郭安、劉培則、孔善基、謝元恩、孫義診各施錢壹千文，程惟一、牛賦祥、何鳳、牛凌呈、增生王□、增生劉清□、庠生趙珠、牛凌太、田潤、牛凌寶、郭通、樊恒文、張占明、郭□、侯佃元、郭德、石□梅、郭申、蘇茂、楊治家、賈鎮、關有旺、劉悅、賀福慶、孫玉林、牛峰、□福成、牛桓、王成財、王成□、王宏謨、王成剛、劉□、喬得貴、賈通、孫富有、楊恒財、郭滿青、楊玉貴、郭珠、費玉柱、郭生□、楊如柱，以上各施錢伍佰文。霍成有、郭原、高銀、董□昌，□□各施錢三佰文。

大清同治四年歲次乙丑林鍾月上浣穀旦。

831. 楊樹原村規碑

立石年代：清同治四年（1865 年）
原石尺寸：高 80 厘米，寬 48 厘米
石存地點：臨汾市汾西縣僧念鎮楊樹原村龍王廟

〔碑額〕：萬善同歸
創修龍王廟

合社公議，盖聞敦俗勸耕，爲王朝之盛典；强悍……兹楊樹原村小力微，兼之人皆散處，偶有强盜，不能驟聚一處，協力共濟。且今開場窩賭，容留匪人，以及乞食之人，門首擠擾，更爲村中之大□，□是人皆傷心，嚴爲禁止。嗣後再有開場窩賭、容留匪人者，村中議罰。如有不遵者禀官究治，及所花費錢或之按地畝均攤，不得推委，共襄盛事云爾。

先生郭榮魁書。

道光年占地方，□□貴、趙五常重修創立。

（香首姓名略而不録）

同治四年歲次乙丑七月十日勒石刻碑吉旦嚴禁。

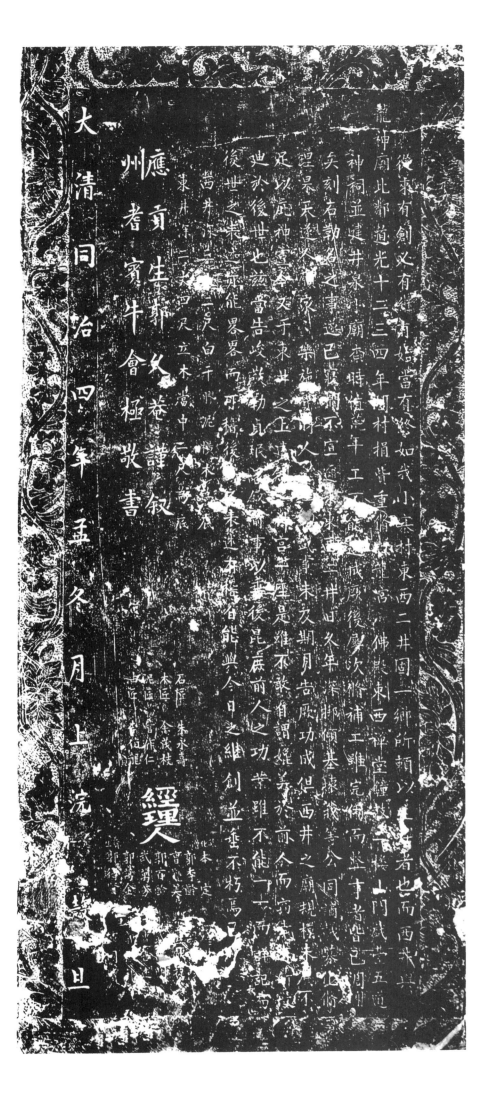

大清同治四年孟冬月上浣穀旦

州應貢生郭文卷謹叙

賓牛會極敬書

石匠　朱永壽

木匠　金茂枝

　　　郭孝曾

832. 南小寨龍王廟萬代流芳碑記

立石年代：清同治四年（1865年）

原石尺寸：高166厘米，寬64厘米

石存地點：朔州市懷仁市親和鄉南小寨村龍王廟

從來有創必有繼，有始當有終。如我小寨村東西二井，固一鄉所賴以生活者也，而西井與龍神廟比鄰。道光十二三四年，闔村捐資重修龍宮、佛殿、東西禪堂、鐘鼓二楼、山門、戲臺、五道神祠，并建井泉小廟。奈時值荒年，工不能□成。厥後屢次修補。工雖完備，而整事者皆已凋謝矣，刻石勒名之事遂已寢擱不宣。邇來東西二井日久年深，挪傾基壞。我等公同商議，募化修理，果天遂人願，家家樂施資財，人□□□盛事。未及期月，告厥功成。但西井之廟規模未廣，不足以庇神靈。今又于東井之上，建□□神宮一座。是雖不敢自謂媲美於前人，而窃幸有所□迪於後世也。兹當告竣，敬勒貞珉，略敘前事，以垂後昆。庶前人之功業雖不能一一而詳記，而後世之表述亦能略略而可稽。後□之表述有稽，自能與今日之繼創并垂不朽焉已。

應州貢生郭久庵謹敘，耆賓牛會極敬書。

西井深三丈二尺，白干膠泥，橫木爲底。

東井深二丈四尺，立木當中，二尺爲底。

經理人：募化僧本定、郭季齡、曹觀美、郭百齡、武萬芳、郭萬金、貢生郭得賢……

石匠：朱永壽。木匠：余茂枝。泥匠：管作仁。油匠：李伯龍。

大清同治四年孟冬月上浣穀旦。

黄河流域水利碑刻集成·山西卷　六

1798

833. 重修龍王廟碑記

立石年代：清同治五年（1866 年）

原石尺寸：高 160 厘米，寬 64 厘米

石存地點：晉中市壽陽縣景尚鄉張韓河村

〔碑額〕：永垂不朽

重修龍王廟碑記

龍王廟者，吾村祈報之所也。村之人循環承祭，迄無虛月，而于每歲春秋之季，又獻戲以延神貺，而答神庥。揆厥由來，洎乎身受，知吾村之老若少，得相與熙熙攘攘以安此耕鑿之天者，皆神之賜也，其利賴不亦溥哉！顧蓮臺歲久，蘭若年深。燦爛枌撩，漸被鼪鼯剝落，崔巍殿宇，旋驚風雨飄搖。惟茲托蔭之區，使無中興之舉，瞻拜之餘，不無憾焉。則虔思補葺，立願增修。因舊址以維新，妥神靈於歷久者，村父老之責也。乃登高一呼，眾山皆響，或輸其力，或布其財。正殿則新其像設，而左右配以兩楹。樂樓則計其工程，而廣廓當夫一面。又于震宮新創伏魔行祠，願叶商民神欣淨潔，以及廊廡庖湢，莫不革故而鼎新。向之頹垣廢瓦，已指顧而失之。從此雨暘無愆，稼穡滋稔，歌舞鼓鐘，備物以報，則一村之富庶基此矣。且因富庶而漸知禮義，循循然善良釀爲風俗，使過此者咸目爲仁里也。更予之願也，又烏在非斯舉之力哉！是役也，始於咸豐十年二月吉日，成於同治四年六月吉日。余生長於斯，目擊其事，因父老之命，述其梗概，垂之來許，俾後之人知吾村之利賴有至來也。時同治五年，歲在柔兆攝提格陬月記。

例授文林郎壬戌科舉人候銓知縣村人郭登瀛薰沐謹撰，薛承蔭、張達萬薰沐書丹。

村人鐵筆郭維功鎪石。

糾首：郭存義、郭世璧、郭文、薛承元、王滿持、薛尚慈、郭久敬、郭棟榮、郭維幹、郭維芳、郭久貴、薛占文、郭昌文、薛芝田、薛國俊、王廷輯、郭生俊、郭景汾、王□虎、薛瑞宏、郭元直、郭棟傑、郭□輝、郭維周、郭瑞、郭元卿、郭三輝、王珠、郭廣明、薛國英、王來崇、王煥辰、郭元會、郭維舉。

會茶人：郭久敬、郭元直、郭元卿、郭棟傑。

經理人：王來崇、郭元會、薛承元、郭景汾、郭佩芳、王滿昌、郭維周、薛尚慈。

郭珍施柏樹一株。郭廣明施地基地一塊。郭棟梅施土。王來崇施土石。

善友：王滿林。

□匠：……

土工：閻錦文施銀一兩。

瓦匠：劉德魁施銀八錢、郝連玉施銀二兩。

土工：董永清施銀五錢、王遠明施銀四錢。

……

木匠：郭來成施銀四錢、張俊林、趙成裕。

泥匠：李玉林。

石匠：郭維功、王國正。

□匠：張五娃。

丹青：賈□誼、趙秉□。

武略騎尉郭維運施銀壹百兩。鄉耆郭邦直施銀二十兩。城功□□郭邦傑施銀二十兩。九品郭景汾施銀二十兩。□人郭登瀛施銀二十兩。郭步曾施銀二十兩。郭光曾施銀二十兩。庠生薛承曜施銀十五兩。舉人薛承稷施銀一十兩。薛承元施銀十五兩。軍功議□薛承鼎施銀一十兩。薛承蔭施銀一十兩。郭佩芳施銀一十兩。王來崇施銀一十兩。

王茂儒募化：獲邑天和義施銀四兩、大成店施銀三兩，仁村和成普施銀四兩，宗艾眾紙行施銀一十四兩，出宗艾請客飯錢四千七百五十文，然登施銀四錢。

（以下碑文漫漶不清，略而不錄）

玉廟者吾村祈報之所也村之人循環承奈造無虛月而于每歲春妹之辰
耕鑿之天者皆神之賜也其利賴不亦專哉顧蓮臺歲久蘭若年深爍爛之
感焉則虔思補葺立願壇作因售址以維新采神靈于歷久者村父老之
計其工程而廣當夫一面又于震宮新創伏魔行祠願叶商民神欣淨
歌舞鼓鐘備物以報則一村之富庶基此矣且因富庶而物知禮義循
咸豐十年二月吉日成于同治四年六月吉日余生長于斯目擊其事因
提桁陳月記

《重修龍王廟碑記》拓片局部

834. 遵斷勒碑

立石年代：清同治五年（1866 年）

原石尺寸：高 114 厘米，寬 54 厘米

石存地點：大同市渾源縣大仁莊鄉陡咀村烈士陵園

〔碑額〕：遵斷勒碑

□□渾源州正堂、加五級、尋常加二級、紀録十次、孔□□爲勒石曉諭，以垂久□。

□照得州屬□水泉，雖在黄花灘村白永和地内，惟石嘴村衆人吃水素□於此。現因白永和任意攔阻，即據栗萬□等聯名呈控□。經本州勘訊明□斷，今仍照向□取水，不准白永和恃强阻止。第恐挑水出入踐傷田禾，諭□白永和地边讓路二尺，以便行走，此路如有坍塌，應歸石嘴村民人等修理。□立案外，合行勒石示諭。爲此，示仰□處附近居民及鄉保人等知悉。自示之後，爾等務宜各安本分，照舊取水，均毋争執滋事，致于重咎。各宜凛遵，毋違！特示！

右仰通知。

石匠曹占鰲。

大清同治五年七月初八日立。

清（四）

835. 補修慶恩寺并新建水口碑記

立石年代：清同治五年（1866 年）
原石尺寸：高 180 厘米，寬 73 厘米
石存地點：晋中市壽陽縣朝陽鎮張村

〔碑額〕：永垂不朽

補修慶恩寺并新建水口碑記

原夫佛法之興，肇於有漢，至李唐而盛行，迄今蕊珠掩映，金碧交暉，殆遍寰宇矣。苟非大有裨於人世，胡以崇祀若此？壽邑張村有古刹，曰慶恩寺。山環水抱，奇□秀偉。北眺蝠山燕岩之勝，南極鳳塔龍化之觀，洵勝境也。第歲久圮毀，丹青漫漶。兼之西有大渠，曰南溝渠，水勢衝急，崖土奔頹，大有妨於古刹。父老每相聚而言曰："此乃山川靈氣所鍾也，胡可任其剝蝕歟？且寶刹所以妥神靈也，而水患若此，過其地者尚覺驚心，居斯土者安能袖手？"於是屢有修築之意，而苦乏力。歲壬戌，村中好善之士，捐資興役，創建水口，約需銀捌拾餘兩。未幾，陰雨逾恒，亦爲水所衝壞。乃更議募化於外，大加修作。於甲子動工，下則砌以石基，以圖永久；上則覆以石橋，以便往來。而寺宇之内，亦於乙丑扶其傾側，彌其缺陷。更廟左之後壁，寺右之藩墻，靡不煥然一新。計水口又需銀貳百餘兩，寺宇需銀壹百餘兩，先後共需銀叁百捌拾餘兩。工告竣，應將輸資姓氏壽諸石。屬余爲文，以紀巔末。余維此事，固敬畏之心所結而深者，與夫人有所敬畏也，必先爲之防其患，而後敬始誠，而後畏始至。今則睹水患而思古刹，睹古刹而思神恩，其亦敬畏之心所結而深者歟！況敬起於無形，則有形者無□乃畏生於不睹，則所睹者可知矣。將見家人父子之間，鄉黨遠邇之際，無不以畏罪奉法之念出之。里有仁風，門成通德，謂非即此畏敬之，即有以易其俗而移其風哉。若夫動静云爲肆無忌憚，怵以輪回之善惡，示以果報之嚴明，亦若冥然其罔覺，此則非余之所敢望也。余不敏，樂其村人敬畏無已，而好善不厭，其必有副於佛氏慈悲之念也，則裨益於衆，豈淺鮮乎哉？因援筆而爲之記。

例授文林郎候選知縣壬戌科舉人張鑒衡撰文，邑儒學優學廩膳生員弓沛霖謹書。

經理人：郭承□施銀伍兩，李培芳施銀叁兩，李菁施銀貳兩，范玉□施銀貳兩，張鳳來施銀貳兩，李懷桂施銀□□，李萬元施銀□錢，周錦佑施銀陸錢，李學古施銀□錢，張全禮施銀□錢，李大寶施銀□錢，李元寶施銀肆錢，李玉貴施銀□錢。

住持僧：□明。

鐵筆：張錦和。

大清同治五年歲次丙寅夷則月穀旦。

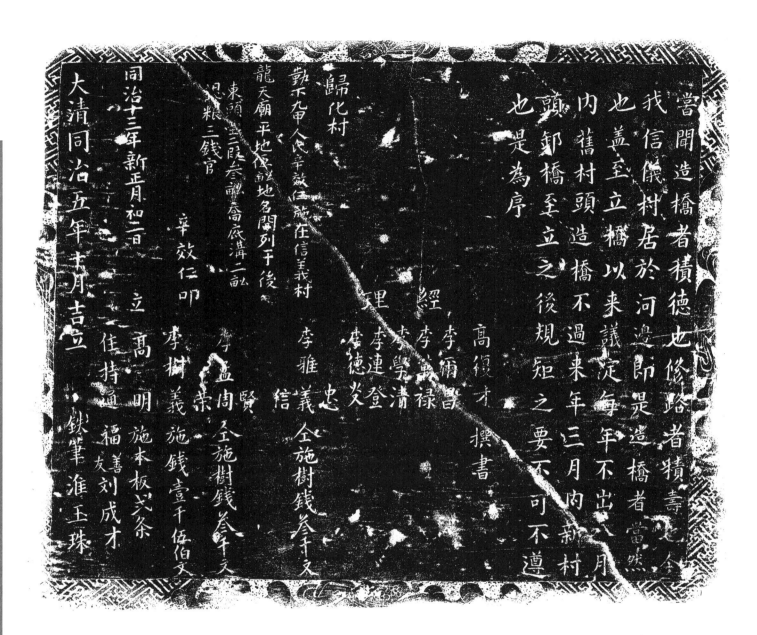

836. 造橋立規碑

立石年代：清同治五年（1866年）
原石尺寸：高74厘米，寬62厘米
石存地點：呂梁市離石區信義鎮信義村關帝廟

嘗聞造橋者，積德也，修路者，積壽也。今我信儀村居於河邊，即是造橋者，當然也。盖至立橋以來，議定每年不出八月內舊村頭造橋，不過來年三月內新村頭卸橋。至立之後，規矩之要，不可不遵也。是爲序。

高復才撰書。

經理：李爾昌、李萬禄、李學清、李連登、李德炎。

李雅忠、李雅義、李雅信同施樹錢叁千文，李孟賢、李孟周、李孟榮同施樹錢叁千文，李樹義施錢壹千伍百文，高明施木板貳條。

歸化村勤下九甲人氏辛效仁，施在信義村龍天廟平地伍畝，地名開列于後：東頭塋二段叁畝，喬底溝二畝，認粮三錢官。

辛效仁叩。

住持通福。善友劉成才。鐵筆淮玉珠。

大清同治五年十月吉立。

同治十三年新正月初二日立。

永垂不朽

重修諸佛文昌龍神碑記

嘗思神居崑崙仙樓蓬萊以是知神與仙皆有所住也州治北鄉六十里南村

寶泉山舊有

諸佛寺一所不知剙自何年然考其碑誌自宣德與成化年間已有此廟自景泰年間村人有

任順先等公議不日廟貌崑峩聖像輝煌是村人之大幸也自崇禎年有庠生任之遠等人

一重修自乾隆年廟貌又有舊墻圯屋傾又有任大發等　　　　　公議重修自道光二十二年催修聖像

剝落棟宇傾頹地村人曰擊忞傷已不堪矣遂欲補葺又因地勢甚狹新擇靈地遷移聖像

此特雖竭力盡心尚未有勒石垂姓以誌芳名及至本平乃林人以為前有所作後有所

述仍舊之常也翻然改圖爽然且失作新之道也況碑誌石刻所係尤重於是協力同心

公議決志以誌後日之一不新云爾　　　　　　　　　　　　　　　　　　石匠孫利和

永　　鄉　生員揚　　生先　椿

經　理

大清同治二年五月初五日吉立

（碑陰題名人物略）

837. 重修諸佛文昌龍神碑記

立石年代：清同治六年（1867 年）

原石尺寸：高 150 厘米，寬 65 厘米

石存地點：呂梁市方山縣峪口鎮南村寶泉寺遺址

〔碑額〕：永垂不朽

重修諸佛文昌龍神碑記

　　嘗思神居昆侖，仙栖蓬萊，以是知神與仙皆有所住也。州治北鄉六十里南村寶泉山，舊有諸佛寺一所，不知創自何年。然考其碑誌，自宣德與成化年間已有此廟。自景泰年間村人有任順先等公議，不日廟貌巍峨，聖像輝煌，是村人之大幸也。自崇禎年，有庠生任之遠等又一重修。自乾隆年，廟貌又舊，墙圮屋傾，又有任大發等公議重修。自道光二十二年，催〔摧〕殘剥落，棟宇傾地，村人目擊心傷，已不堪矣，遂欲補葺。又因地勢甚狹，新擇靈地，遷移聖像。比時雖竭力盡心，尚未有勒石垂姓，以誌芳名。及至本年，乃村人以爲前有所作，後有所述，仍舊之常也；翻然改圖，爽然自失，作新之道也。況碑誌石刻，所係尤重，於是協力同心，公議決志，以誌後日之不朽云爾。

　　永郡生員楊生光撰書。

　　經理人：庠生任濬之填錢伍拾柒千伍佰文，任成澍填錢伍拾柒千伍佰文，任步德填錢柒拾伍千文，任發山填錢柒拾伍千文，高俊昌填錢貳拾千文，任文海填錢五千文，任元錞木板拾塊，本廟住持海耀填錢貳拾千文。

　　糾首：任文安、高俊茂、王養元、任映堂、任成浩、任發桐、任茂檀、任銀元、峪口任孝閔、任文泰、任生貴、任成淋、王居慎、任樹槐、任茂賢、任福泰、任樹橈、任發梅、薛有定，各施錢一千二佰。太谷縣閆必盛施錢十四千。

　　本廟住持：通諒。□南村住持：海連。

　　石匠：孫利和。

　　大清同治六年五月初五日吉立。

838. 胡家社重修龍王廟碑記

立石年代：清同治六年（1867 年）
原石尺寸：高 45 厘米，寬 65 厘米
石存地點：呂梁市汾陽市石莊鎮胡家社村龍王廟

盖聞善有餘慶，卦象占之，而爲善最莫於補修其廟宇。茲汾府台治孝邑西城六十里胡家社村，舊有龍王廟一座，樂樓三楹，始康熙五十七年，前人創建整修。年深日久，風雨剥落損壞，而村人仰目擊心傷，咸存補葺之意。於本年三月上旬，合村人等上廟公議，補葺采［彩］画龍王殿□□，樂樓三楹。然□□□□小，以治村之福德盛大。于是匠工起首，村□商議，費用按以地畝均攤，共費錢六十餘金。前□□創建，以處後人之瞻仰；今人之補葺，以爲村之□□豐收。因而勒石，以誌不朽云。

本村儒生王國烈薰沐敬撰書。

經理糾首：宋世良、范祥昇、王正蘭、范禄歆、宋金山、郭天福、魏振明、任□昌、范祥德、張殿魁、馬繼斌、孫全旺。

直年糾首：范禄歆、王寶明、宋世富、魏振仁、郭長璿。

香老：王寶珍、范祥讓。

木匠：張師。泥匠：喬師。油画匠：郭天福。住持：澄寧。徒孫：悟雲。

鐵筆工：薛師。

大清同治六年五月十五日公立。

839. 飛甘洒潤題刻

立石年代：清同治六年（1867 年）
原石尺寸：高 54 厘米，寬 110 厘米
石存地點：呂梁市方山縣大武鎮西相王村

大明萬曆六年新建閣村謹獻：
飛甘洒潤。
業儒張國英書。
經理人：張應禄、張懋鉞、張邦杰、張茂鵬、張登之、張殿榮、蕭永寬、蕭興旺、李修語、李生福、李生龍、賀文秀、梁存雲、薛秀興。
住持僧：比丘通謙、通讓，徒善本。
大清同治六年五月吉日重修。

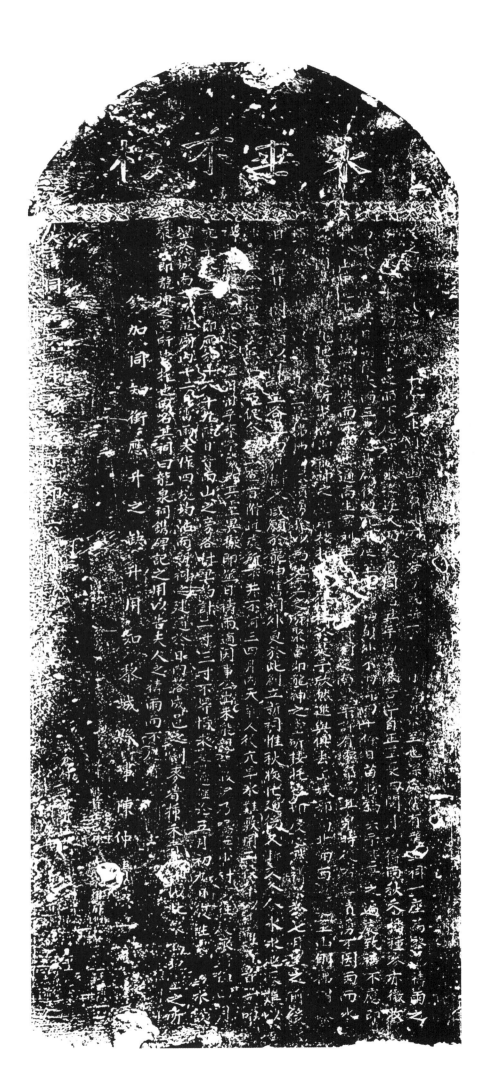

840. 重修龍泉祠碑記

立石年代：清同治六年（1867 年）

原石尺寸：高 140 厘米，寬 56 厘米

石存地點：長治市黎城縣嵐山龍泉祠

〔碑額〕：永垂不朽

重修龍泉祠碑記

……十餘里。其間徑幽路□，亂石巉岩，□□所不□□□□所不至也。深處舊有龍王祠一座，爲黎邑禱雨之所……或求之而不應，或求之遲久而後應。同治五年□□大苦旱，自正至夏四閱月始得雨。秋禾播種，麥亦微收，尚不致□□□□□朔，復大雨，三農□甚。厥後乃亢旱，延至七月初旬外，不雨約四十餘日，苗將槁矣！予甚憂之，遍處致禱不應。即禱於山中□□□□□，亦漠然而不應也。適高生宣、劉生士、□等，來□祠之南□□□許有靈泉焉。其泉時從石□潰涌，不因雨而水……此地靈之所聚也，當即龍神之□所接托，□□禱。于是，予欣然邀與俱去。出城郭而北而西，□□至山側，拂□□……果見靈氣拂拂，石泉潰涌。稔以爲地靈之所聚，當即龍神之靈所栖托也。即虔心默禱，果於七月望之前後□日得甘霖。闔邑賴以有秋，并各里均穫□□，咸願於龍神舊祠外，更於此創立新祠。惟秋收忙過後，又漸交冬令，水冰地□，難以□□。至今歲仲春，氣候溫暖，乃促令□工。查看附近處所，不井不河，三四月內天氣又復亢旱，水難敷用，工役□以爲□，維首等叩□□□□□見泉水洋溢汩汩乎來。予成知其靈異，擬即筮日禱雨，適因事公出，未能親□□□，乃囑洪少尉步往□求。時值四月亢旱□□□禱即應，於十六、十九兩日皆雨。山之旁各村里約計二寸、三寸不等，惜未普遍。繼於五月初九日復往□□取水，設壇於城南村龍王廟內。十二日雷雨大作，四境均沾，而新祠之建適於日內落成。邑之割麥者、插禾者□稔以此泉爲地靈之所聚，當即龍神之靈所栖托也。固名其祠曰龍泉祠。鐫碑記之，用以告夫人之禱雨而不應者。

欽加同知銜應升之缺升用知黎城縣事陳仲貴撰文。

（以下碑文漫漶不清，略而不録）

大清同治六年歲次丁卯六月。

841. 重修玉皇天神送子娘娘柏王龍王土地廟碑記

立石年代：清同治六年（1867 年）

原石尺寸：高 173 厘米，寬 74 厘米

石存地點：臨汾市吉縣文城鄉支家山天神廟

〔碑額〕：百世□芳

重修玉皇天神送子娘娘柏王龍王土地廟碑記

嘗思創造之爲□也，雖云神靈，亦以人力也。然必前有昌之，而後有和之者，才可繼其成也。□□□舊有諸神之廟一楹，歷年久遠，亦無徵誌，不知創自何年。歷年風雨飄搖，廟宇幾乎傾頹□。□□□不目睹心傷，意欲修葺，奈山僻小邑，居民稀少，獨力難持。時則有馮、雷二公商議，約雷鳳□、□□□、曹仁道者，俱欣然應諾，各出己資，募化於四方仁人君子，共捐資財，以襄盛事。于是起工□□□□春，落成於丁卯之秋。昔只一間神停［亭］，今捐以石窟三孔，昔以木牌書寫神號，今以彩塑金□□□，□覺豐隆矣。經營年餘，遂覺煥然依新，非惟所以壯瞻，而且有以妥神靈矣。工成告竣，囑□□□□□。愚魯無能爲也，不過略陳固陋，僅將捐姓名列諸貞珉，以爲永垂不朽云爾。

平陸縣後學張士達撰并書。

賈正芳施錢七千文，馮毓蘭施錢□千文，雷貴吉施錢六千文，雷鳳玉施錢四千文，高貴荣施錢四千文，監生劉烽施錢叁千文，□家旺施錢叁千文，□□文施錢叁千文，周永德施錢叁千文，齊□氏施錢叁千文，杜士語施錢貳千文，葛中榮施錢貳千文，陳元德施錢貳千文，李昇金施錢貳千文，王正林施錢貳千文，馮思芳施錢貳千文，賈慈林施錢貳千文，韓春奇施錢貳千文，葉家發施錢貳千文，楊興發施錢貳千文，劉得順施錢貳千文，□廣花施錢貳千文，□□馮清儒施錢一千八百文，典史白邊玉施錢一千八百文，馮自才施錢一千八百文。

首事人：賈元德、馮毓蘭、雷貴吉、□鳳玉。

□有然施錢二千四百文、樊仁貴施錢二千四百文。

大清同治陸年歲次丁卯孟秋月吉旦。

842. 重修烏龍洞廟碑記

立石年代：清同治六年（1867年）

原石尺寸：高166厘米，寬66厘米

石存地點：臨汾市浮山縣寨圪塔鄉烏龍洞廟址

〔碑額〕：□□流芳

距縣城五十里有烏龍尊神洞府，山水拱秀，松柏交蔭。膏流八荒，億姓被莫大之福；澤遍四境，萬世蒙無疆之麻。但洞前庙宇基址狹隘，規模卑小，非惟不足以肅觀瞻，而亦不足以妥神靈也。前後兩社即欲創修，乃僻處山林，人烟寂寞，即有慨解義囊、樂助資斧者，亦弗能爲力。於是會同各社，共合爲十一社。四海龍王神駕，萬世來往。由是同議募化，創建戲樓、耳樓、東西看樓，東房五間，西窑五孔。茲功成告竣，芳名勒石，非敢曰求神庇福也，亦以誌永垂不朽云爾。是爲序。

例授儒林郎候銓直隸州分州恩貢生李早蔚謹撰。

監生郭仰恒、郭仰華、郭仰泰、郭仰嵩布施木料，監生馬有考施椽五佰根，監生陸、許二合堂施銀陸兩，監生張世傑、張世俊施銀伍兩，興泰盛施錢伍仟文，坡頭大社施錢伍仟文，正山口社施錢伍仟文，常廣倫施錢伍仟文。

總理人：郭生瑚、呂葉和、馬有考、郭扶、馬有舉、楊益茂。

督工人：張喜鰲、史廷富、楊九洪、王立業、郭景法、孟九國、席生貴、楊益金、喬萬和、李玉富。

募化人：王立業、喬金榮、馬勝文、楊益金、郭生景。

外總理人：張盛家、高景興、馬興寶、翟丙發、楊世河、郭生印、郭生玉、孔廣啓、李登仁、段邦文、侯居鳳、宋大清、趙文洲、喬福庚。

大清同治六年歲次丁卯巧月勒石。

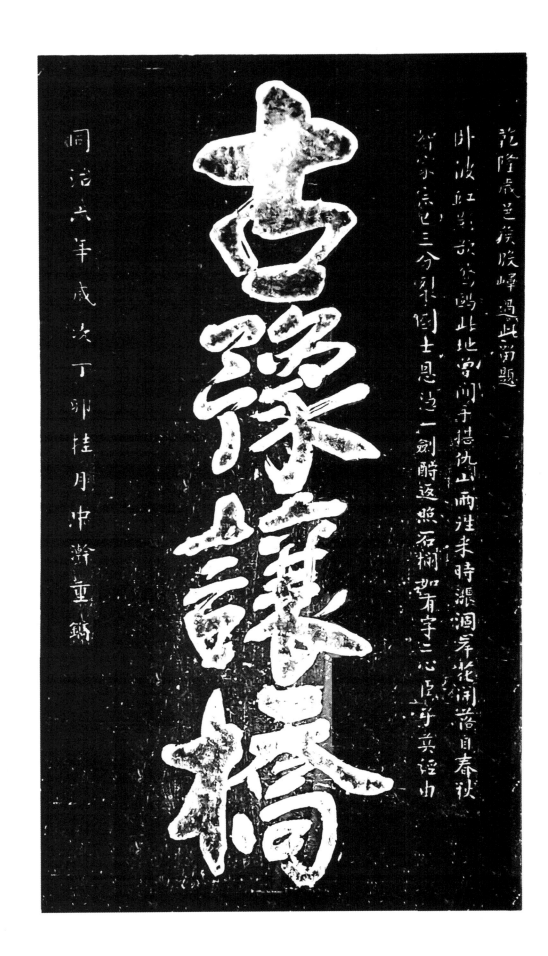

843. 古豫讓橋碑

立石年代：清同治六年（1867年）

原石尺寸：高65厘米，寬36厘米

石存地點：太原市晋源區晋祠鎮赤橋村

古豫讓橋

乾隆歲邑侯殷嶧過此留題：

臥波虹影欲驚鷗，此地曾聞手揕仇。

山雨往來時漲涸，岸花開落自春秋。

智家宗已三分裂，國士恩憑一劍酬。

返照石欄如有字，二心臣子莫徑由。

同治六年歲次丁卯桂月中澣重鐫。

844. 重修觀音堂馬王龍王神廟碑記

立石年代：清同治六年（1867年）

原石尺寸：高170厘米，寬60厘米

石存地點：臨汾市汾西縣永安鎮石家店觀音堂前

〔碑額〕：萬善同歸

從來創寺建廟，蓋閣起亭，雖係一鄉之風化，實因四方之氣力也。石家店村舊有馬王、觀音堂、龍王諸神廟，有求必應。求讖，而吉凶顯然；禱雨，而甘霖沛然。但不知起自何朝，成于何人。第以牌匾推之，起於大明萬曆時。觀其形，并非一時創建；論其勢，實屬三次修補。戲臺甚卑，廟院褊小，左右又無牆垣。古人屢修數次，為地所限，不能成其正格，又加風吹雨傾，敗壞極多。余嘗目擊心傷，總為噓嘆矣。惟有香首孫君國林，公舉糾首十數餘人，以成其事。乃人心不齊，退者大半，獨王君萬訓、趙君純仁、郭君本植等篤志成功。交余修疏部以募化，請地師以補風。自起工以來，余覺精神倍加，志氣益壯，用其力以理百工之事，盡其心以管一切之帳，兼之神亦感應，雙蛇出於龍宮，大蟒繞于當墀，社人視之無思不服，匠人見之莫敢不敬。所以襯窰高建其臺，按地廣大其院，左右圈窰以收脈氣，正殿登樓以肅神靈。數月之間，真似聚米為山，眾志成城矣。所謂一鄉之風化，非由四方之氣力能乎哉！

例授登仕郎候銓州右堂總管社中一切事務，糾首孫開元撰并書，男伯鰲、孫煥南施錢拾千文，捨杏溝嘴平地壹段貳畝，霸角平坡地壹段伍畝，至地邊隨粮壹斗正，石獅壹對，大紗燈壹對，共化錢伍拾貳千貳百。

理事香首趙純仁化錢壹千文、□□□□，崔建獻錢壹千文□，王東寅施錢伍百文，增生郭丙庫施錢伍百文。

主事糾首：王萬訓施錢壹千文、化錢□□，□□劉道成施錢伍□□□，□明賢施錢伍佰文，□□傅朋貴施錢叁百文，□□楊廷棟施錢伍佰文。

糾首郭本植施錢壹千文，化錢陸千文。

木匠王春景施錢壹千文。

丹青劉廷登、劉森堂公施錢伍百文。

直穎絳州河津縣南薛里上井村楊廷棟刻石。

大清龍飛同治陸年歲次丁卯九月初二日闔社重修廟宇，公立。

清（四）

1823

845. 重修觀音堂等廟碑記

立石年代：清同治六年（1867年）
原石尺寸：高87厘米，寬59厘米
石存地點：臨汾市汾西縣永安鎮石家店觀音堂

汾西，唐虞冀州之域，納總甸服地也。西漢爲□縣，東漢□永安縣。魏晉属平陽郡，後魏置汾西郡，隋改爲縣。後改属汾州，尋改属呂州，後改属晉。唐初属呂州，州廢，□属晉州，開元後□縣，治於厚義村，仍爲汾西縣。宋歸舊治。有八大景：青山推雲（即姑射山是也）、汾川漾月（即汾水映月也）、聖水奇迹（即□□□□也）、洞口仙游（即乾河鎮洞也）、銀澗白龍（即小潺澗是也）、鳳池浴彩（即東門泊池也）、東閣靈應（即李安庄閣洞）、清泉勝景（即北井溝井也）。立村元初，有石□在村西開店，故曰石家店。昔時與狼堰圪垛、東村爲一社。雍正年間分爲三社，至今小潺澗仍爲一社，花費一半，彼二社亦一半。五月初五日戲頭，本社一名，彼二□一名。廟建自明時萬曆年，觀音堂一座；馬王、龍王殿、土地、孤魂堂，康熙年建；響臺，雍正年建。乾隆至道光俱属補修。至今新建正殿，樓房五楹，三聖諸神殿五座，左右邊窑、戲臺。所未就者，左右彩檐、鐘鼓角樓以及大門外小院。非不克終，□事真乃年光不佳，又恐人心結怨，後世人等以待豐年再成，□□無負前人之志而□。此皆泰階孫老先生勞心勞力以成其事，細講細誌以留後世，而弗□之矣。属神符里庄後正風俗。風俗之盛也，盛於良民之多，風俗之敗也，敗於匪徒之衆。夫□徒不一，而其爲害最甚者莫過於開場窩賭，則良民受其引誘，凶酒打降，則良民受其□□，□若塋墓，祖宗安息之所，五穀，萬民養身之資。牧羊放牲者，挖伐樹木；游方乞食者，竊盜放火。種種惡俗，實堪痛恨。諭之再三，毫不加意。爲此，闔社公議，刻石嚴禁，以圖永遠。一經社人捉拿，嚴行重罰。不遵者送官究治，決不寬恕。慎之！慎之！

本邑文□王榮梅書，施銀壹千文。

（以下碑文漫漶不清，略而不録）

直穎絳州河津縣楊廷樑刻石。

大清同治六年歲次丁卯十月吉旦。

846. 重修文昌五穀廟碑記

立石年代：清同治六年（1867 年）
原石尺寸：高 154 厘米，寬 60 厘米
石存地點：大同市靈丘縣東河南鎮小寨村龍王廟

〔碑額〕：流芳

重修文昌五穀廟碑記

嘗□廟宇之設，新者宜□，舊者宜□。今小□□□文昌、五穀、佛□、龍王以及瘟神、奶奶、五□、□神，俱……乎，經之□之，如……經始，固屬無庸，而年代雲遷，接踵在所不廢。□寒暑之……睹此誰不謂補修宜急也。於是捐資本村，募化□鄉，幸而得□□□□千，因其□如以……。不數月間，各處之舊迹煥然一新。舉凡四方路過者，咸曰觀止□。□誰知并不爲……文昌教民，五穀養民，佛乘寶訓，龍降甘霖，瘟驅時疫，聖母保子孫，五道□四方，河……群黎，未有不賴其生成者。不此之修，將何以昭前而示後哉？時值孟冬，鳩工告竣……勒之石以爲誌。

優行廩生李逢春謹撰并書。

（以下碑文漫漶不清，略而不録）

大清同治六年任子之月。

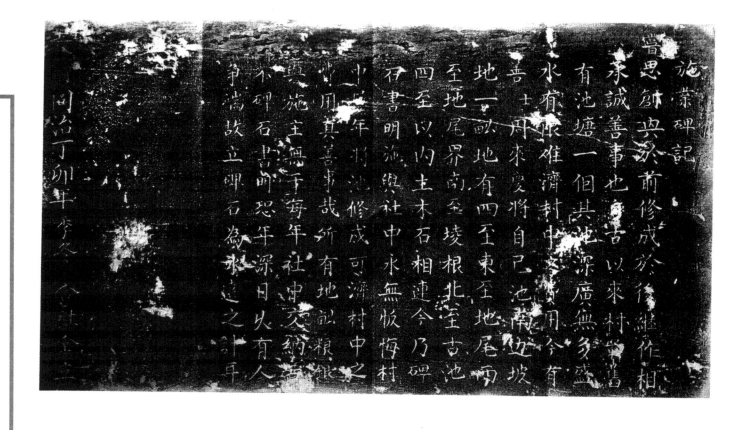

847. 施業碑記

立石年代：清同治六年（1867 年）
原石尺寸：高 25 厘米，寬 52 厘米
石存地點：晉城市澤州縣柳树口鎮神直村

施業碑記

嘗思創興於前，修成於後，繼作相承，誠善事也。自古以來，村前舊有池塘一個，其池深廣無多，盛水有限，难濟村中之費用。今有善士周來慶，將自己池南边坡地一畝，地有四至：東至地尾，西至地尾，界南至埌根，北至古池。四至以内，土木石相連，今乃碑石書明，施與社中，永無恢悔。村中□年將池修成，可濟村中之費用，真善事哉！所有地畝粮銀，與施主無干，每年社中交納。若不碑石書明，恐年深日久，有人爭端，故立碑石，爲永遠之計耳。

大清同治丁卯年季冬，合社同立。

848. 重修北廟記

立石年代：清同治七年（1868 年）

原石尺寸：高 153 厘米，寬 80 厘米

石存地點：臨汾市大寧縣太古鎮馬頭關北廟

〔碑額〕：萬善同歸

重修北廟記

竊以馬門關，固大寧之屏障也，襟山帶河，商賈雲集。舊有關帝、牛馬、藥王、龍神、河伯諸神廟一區，凡屬往來，無不瞻仰……霉苔，衆□□中摧殘，風雨旁觀，望而興嗟，當事思之無術。前年，住持僧性安募化興修，無如工程浩大，資力維艱，旋興□止。丁卯歲冬月……府□公，管帶汾盂二營官兵，即補守府蘇公，抵關駐防，目睹其工，頓興義舉。爰爲廣勸沿河貴官長者、船運客商，布施錢四百四十千……規模壯麗。金碧交輝，諸色之雲霞烘染；盛靈顯赫，衆生之造化憑依。自兹地靈人杰，仰俎豆之常新；即之物換星移……而并久。巍巍廟貌，洵寧邑之大觀也。對水光兮□□，連樹色兮蒼蒼，請從此而永賴，又何羨乎他方？人心胥悦，聖……

澤郡陽邑庠優生劉鍾靈謹記并書。

（以下碑文漫漶不清，略而不録）

住持僧性安立石。

大清同治七年歲次戊辰娠月中浣令旦。

849. 河北太山龍王廟碑

立石年代：清同治七年（1868 年）

原石尺寸：高 35 厘米，寬 50 厘米

石存地點：臨汾市蒲縣克城鎮河北村

　　太山龍王庙，近山五村香火也，塌毀多年，僅存遺址。惟河北村堡較近，每年五月朔日，猶献牲於荒烟蔓草中，幸儀羊未去，故同治六年，以禱雨始議重修。七年春，擇日鍾會社，公舉糾首。五村合力，弃木用石，不匝月窑成。夫山民穴處蝸居，每村尚有不足十家者，又值屢年薄收，覲食者過半，而踴躍赴功，竟能成事，非鬼神之德之盛，豈易致此哉？因刻石重後而記此。

　　□□郭建蒲、□□清、王存敬、監生□□果、許世林、梁興、□□管、□□居、閆步清、□□□□錢一千二□文。岳茂庫、郭環山、郭廷進、郭廷璋、郭崇榮、賀盛元、閆步逯、田桂香、郭世川、劉希□，以上各施錢七百文。許文元、張立德、郭林山、牛□盛、郭廷寶、任長富、張桂禄、郭家彥、郭玉□、郭中英，以上各施錢五百文。郭中元、孟□春、郭□山、武□光、□世長、劉希荣、郭培□、□建夫，以上各施□三百文。□□□、郭進禄、任長□、□□□、許世有、郭世木、郭□□、□□□、許□明、□進順、□來保、郭……

　　同治七年十月□九日……

王四年夏及元旱宗海親擬告文合此辰封者老述
初三日自午堂百炎天未月步行四時照日發
飾時迷忠不知為王也蒙王佑初五甲大雨如注閒
海二十六日親詣王修真洞口跪求回襄辰月初一日得新雨
加封二以慰各省紳民祈雨奏術山修真洞口炎化求雨宗海柳冠布履出城二十里跪迎滋禱
莫各省各縣樂善官民景俗能播輝炊代方得重生歲辰五明
郷慶誠三□脩祈雨奉術山水時發跣之期王之德
近昭著而所兩者求永有稷止之仰願重僇則而興村社
不可思謀不可稱重無莫善人焉是所堅於後之樂善又

大夫加祠知陛衡震垣寸

咸邑魂埋自坐

至癸子孫禮房紹經書王萬元
縣糒商眾人陳宗海薫沐撰文
崔貢人廊儒魁殿乞善王之德
芝等同勒石休

昭澤龍神而實則昭澤王也迫我
海瀆於同治元年六月初履襄垣徑往遵火旱禾苗將枯七月初四
宗時人此歲通先年歲子歲七月初五日生於長葉紳集夢得道能禦災撲出為洛澤遙降妖稻雨水常
間封雲雨將軍後脫蜕仙昇及五代唐漆泰二年單召蕭玉不能禦災於武紳縣王修龜竹中
中馱騎糞石飛如雨賊皆打蜕加封靈侯五代晉間運王歲旱凡詣洞求雨得雨加封頭皇此為
直捷河南山西等省皆大旱新雨靈驗加封昭澤王元卅祖南征渡海見王倫為之助特封
海瀆焦龍神而實則昭澤王也迫我海瀆於同治元年六月初履襄垣徑往遵火旱禾苗將枯七月初

咸邑神民建修龍洞出行守碑記

850. 建修龍洞山行宮碑記

立石年代：清同治八年（1869 年）

原石尺寸：高 130 厘米，寬 72 厘米

石存地點：長治市黎城縣龍洞山谷昭澤爺行宮

□率合邑紳民建修龍洞山行宮碑記

……載……時人也；咸通九年戊子歲七月初五日生於長樂鄉焦姓，□□得道，能禦災捍患，爲潞、澤、遼降妖祈雨。上……聞，封雲雨將軍，後脫蛻仙升。及五代唐清泰二年，草寇嘯聚，官兵不能禦，突於武鄉縣五修真洞中……駃騎聲，石飛如雨，賊皆打斃，加封靈侯。五代晉開運二年，各縣大旱，凡詣洞求雨得雨，加封顯聖公。……直隸、河南、山西等省皆大旱，祈雨靈驗，加封昭澤王。元世祖南征渡海，見王陰爲之助，特封海瀆王。明□□□□，改封海瀆焦龍神，而實則昭澤王、海瀆王也。迨我□□□□□，循其舊，而各省百姓遇旱求雨，靈應如響。宗海於同治元年六月□履襄垣任，適大旱，禾苗枯槁。七月初……當日即沛甘霖，轉歉爲豐。宗海稟請撫憲具奏，奉……澤王。四年夏又亢旱，宗海親擬告文，令北底村耆老赴王修真洞口焚化求雨；宗海挷冠布履出城二十里，跪迎泣禱。□月初三日自午至酉，炎天赤日中步行四時，烈日炎蒸，心神如醉，迷悶之間，宗海親見□□轎於雨樓前，長面長鬚，威□□□。斯時迷而不知爲王也。蒙王佑，初五日大雨如注，合境沾足。同治六年丁卯，適□□王千歲壽辰，五月內又大□，□海於二十六日親詣王修真洞口跪求；回襄，六月初二得有透雨，秋禾始能播種，貧民方得重生。嗚呼！□□□□貧民千有餘歲，如泰岱華嶽之高、大江黃河之深矣。今宗海履任七年，三禱三應，倡募闔縣，捐資建廟於洞旁，一以表王□德及民，歷代加封；二以慰各省紳民景仰虔誠；三以備祈雨者栖止基所。惟地僻而無村社，山水□發，既乏經管之人，又□修葺之費。伏冀各省各縣樂善官民祈雨到此，見廟稍有石塌臺裂，傾漏朽坍，許願重修，則斯廟無倒壞之期。王之德□□近昭著，而祈雨者亦永有栖止之所。不可思議，不可稱量，無邊功德，是所望於後之樂善人焉，是所望於後之樂善人焉！故爲記。

□政大夫加同知升銜襄垣縣知縣□堂陳宗海薰沐撰文，首事辛酉拔貢郝儒魁敬書丹。

武邑總理首事癸卯舉人趙廷芝，壬子舉人韓紹休等同勒石。

經理帳目禮房經書王萬元。

□□八年仲夏中浣之吉。

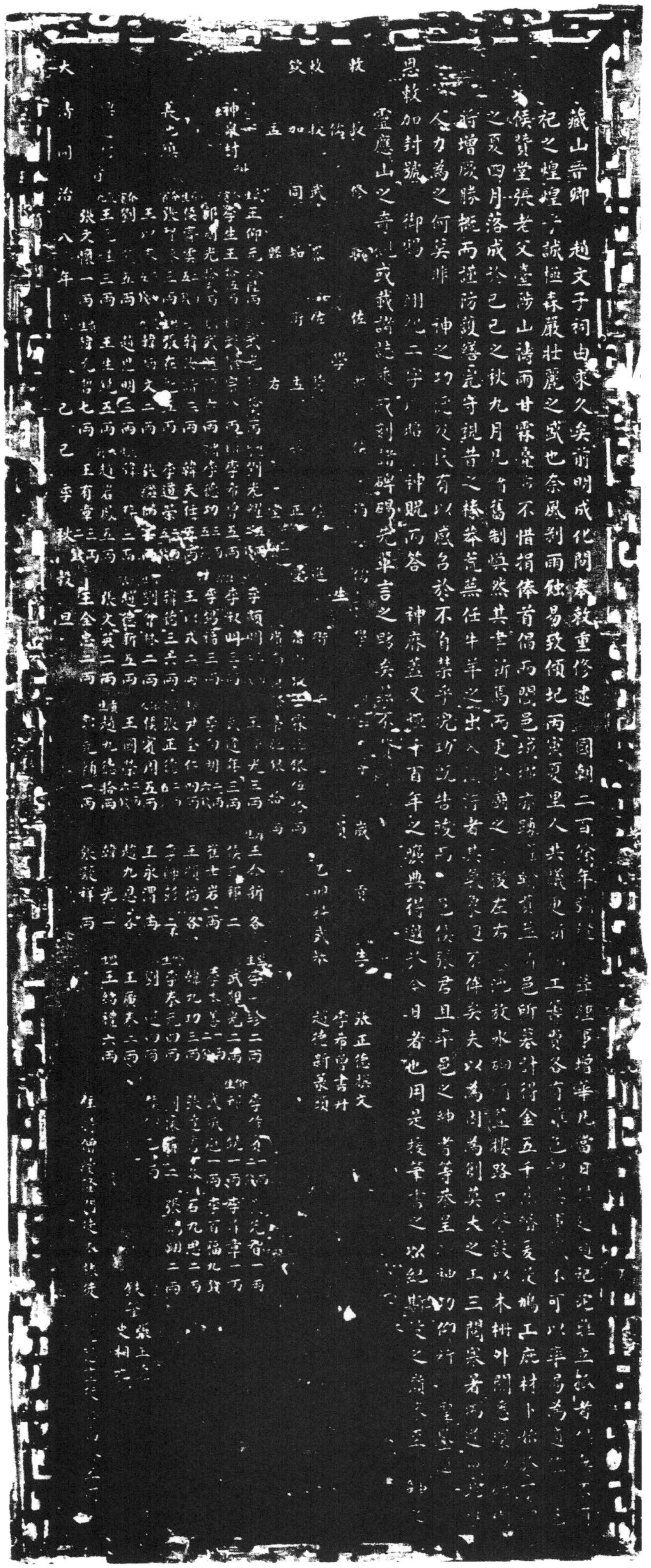

851. 藏山趙文子祠碑記

立石年代：清同治八年（1869 年）

原石尺寸：高 232 厘米，寬 64 厘米

石存地點：陽泉市盂縣藏山祠

藏山晋卿趙文子祠，由來久矣。前明成化間，奉敕重修。逮國朝二百餘年，彌縫□葺，踵事增華。凡當日□延，趙祀死難立孤者，俱無不廟祀之煌煌乎。誠極森嚴，壯麗之盛也。奈風剝雨蝕，易致傾圮。丙寅夏，里人共議更新，□工籌費，各有難色。謂其事，□不可，以率易爲。適值邑侯贊堂張老父臺，陟山禱雨，甘霖叠沛，不惜捐俸首倡，而闔邑城鄉，亦踴躍輸資，并鄰邑所募，計得金五千餘緡。爰是鳩工庀材，卜始於丁卯之夏四月，落成於己巳之秋九月。凡諸舊制，煥然其聿新焉。而更於廟之前後左右，□池放水，砌洞竪楼，路口胥設以木栅，外關悉環□□□，將增厥勝概，而謹防護繕完守。視昔之榛莽荒蕪，任牛羊之出入□污者，其氣象迥不侔矣。夫以爲，因爲創莫大之工，三閱寒暑而遂成，此雖人力爲之，何莫非神之功德，及民有以感召於不自禁乎。況功既告竣，而邑侯張君，且率邑之紳耆等，恭呈神功仰祈聖鑒懇。恩敕加封號御賜翊化二字，以昭神貺而答神庥，蓋又極千百年之曠典，得邀於今日者也。用是援筆書之，以紀斯役之巔末。至神之靈應，山之奇觀，或載諸誌乘，或刻諸碑碣，先輩言之夥矣，兹不贅。

敕授修職佐郎候補儒學訓導歲貢生張正德撰文，儒學生員李希曾書丹，敕授武畧佐騎尉候選衛千總乙卯科武舉趙德新篆額。

欽加同知銜盂縣正堂蕭山張士霖施銀伍拾兩，盂縣右堂嶺南黃際榮施銀拾兩。

神泉村糾首：武生王仰元拾陸兩，介賓李生玉拾伍兩，守御所邢國光拾叁兩，介賓武光烈拾壹兩，庠生武繼宗八兩，庠生武匯源六兩，恩者劉光耀五兩二錢，庠生李希曾五兩，耆賓李德功三兩五錢，李顯明三兩二錢，登仕郎李淑明三兩，李錫福三兩，王燻光三兩，武逢年三兩，李向明二兩六錢。庠生王命新、侯式邦、崔士岩各二兩，監生李珍二兩，武覲光二兩，李本善一兩二錢，李作賓一兩二錢，俻生邢銑一兩，武成魁一兩，劉先智一兩，李作章一兩，李百福九錢。

萇池鎮糾首：庠生侯齊雲二兩五錢，介賓張智珠三兩，王以泰二兩五錢，從九韓汝諧二兩，監生張在魁五兩，從九韓炳文二兩，韓天任五兩，李道榮三兩五錢，張繼師二兩，王以式二兩韓德三六兩，監生劉會林二兩，武生尹全仁四兩，歲貢張正德二兩五錢，舉人侯賓周五兩，王顯福、李師彭、王永渭各二兩，韓九功三兩，俻生李泰元四兩，劉暹四兩，張達書、劉懷新、侯仰乙各二兩，石九思二兩，張鵬翶二兩。

興道村糾首：介賓劉顯五兩，從九王元桂三兩，張文懷一兩，趙思明三兩，王生鋭五兩，貢生韓允哲七兩，武生韓粹三兩，典籍趙岩夙五兩，王有章三兩二錢，武舉趙德新五兩，張文英二兩，王全忠二兩，王國榮二兩六錢，貢生趙九德拾兩，鄭元輔一兩，趙九恩、韓光、張凝祥各一兩，王廣泰二兩，監生王紹禮六兩。

王燻光三兩，武逢年三兩，李向明二兩六錢，庠生王命新、侯式邦、崔士岩各二兩，監生李珍二兩，武覲光二兩，李本善一兩二錢，李作賓一兩二錢，俻生邢銑一兩，武成魁一兩，劉先智一兩，李作章一兩，李百福九錢。

鐵筆：張正德、史相光。

住持僧續隆，門徒本棣，徒孫覺慧，重徒孫昌林五兩。
大清同治八年歲次己巳季秋穀旦。

藏山晉卿趙文子祠由來久矣前明成化間奉敕重

祀之煌煌子誠極森嚴壯麗之或也奈風剝雨蝕易致

候賢堂張老父臺陟山禱雨甘霖毫布不惜捐俸首倡

之夏四月落成於巳巳之秋九月凡育舊制吳然其事

時增廈膝概兩堂防穀譽堯守規昔之榛莽荒蕪任牛

人力為之何莫非神之功乎民有以感名參不自

思敕加封號御賜訓化二字以昭神貺而答神庥

靈應山之奇異遍武載譜志矣今刻諸醉碑光單言之影

《藏山趙文子祠碑記》拓片局部

本村白溝河水例誌

村外白溝河起自西南廿里靈

界山中順流而下我村及尉

邑梧桐並王□此流亦為五村

水例自明天順及我朝康熙

間有興訟者皆遵洪武年間舊

例按五十七日為一輪週而復

始東門外石刻猶存並有合約

可証今困壩果村築堰決水同

人理虔罰唱影戲自今議定永

不許上流壅塞恐日久無稽爰

勒石為誌

同治九年三月下浣

下柵鎮　社首

鄉地公立

852. 本村白溝河水例誌

立石年代：清同治九年（1870 年）
原石尺寸：高 49 厘米，寬 59 厘米
石存地點：呂梁市孝義市下柵鄉下柵村舊戲院

本村白溝河水例誌

村外白溝河起自西南廿里靈邑界山中，順流而下，我村及尉屯、梧桐并王屯、北姚共爲五村水例。自明天順及我朝康熙間有興訟者，皆遵洪武年間舊例，按五十七日爲一輪，周而復始。東門外石刻猶存，并有合約可証。今因罈果村築堰决水，同人理處罰唱影戲。自今議定，永不許上流壅塞。恐日久無稽，爰勒石爲誌。

同治九年三月下浣下柵鎮社首、鄉地公立。

清（四）

853. 三泉村修井捐款碑

立石年代：清同治九年（1870年）
原石尺寸：高39厘米，寬49厘米
石存地點：呂梁市汾陽市三泉鎮三泉村

夫水爲五行之首，居家所用，一日不可缺者也。晋汾三泉□四門裏，舊有古井一眼，年深日久，□洞塌壞，枯渴無水。與衆商議，按門□□，從新整理補修。掏挖泥磚石，鑿井深五丈，儼然建新甘泉，水復旺而涌出。雖非功德，以誌衆號姓名開列於左，永垂不朽矣。

賈乃賢施錢八仟伍佰文，水興泉施錢肆仟文，□□□□施錢貳仟貳佰文，□□□施錢貳仟文，復興隆施錢壹仟陸佰文，永興和施錢壹仟陸佰文，□□堂施錢壹仟陸佰文，□合齋施錢壹仟伍佰文，□□公施錢壹仟伍佰文，三□成施錢壹仟肆佰文，□泰成施錢壹仟叁佰文，天成義施錢壹仟叁佰文，□□□施錢壹仟叁佰文，大□成施錢壹仟貳佰文，信義成施錢壹仟貳佰文，九□□施錢捌佰文，永發長施錢捌佰文，□□□施錢伍佰文，龍岩寺施錢伍佰文，天和樓施錢伍佰文，任純貴施錢肆佰文，復興樓施錢肆佰文，億勝德施錢肆佰文，梁國材施錢肆佰文，三盛公施錢叁佰文，復慶隆施錢叁佰文，糕鋪施錢叁佰文，德盛成施錢叁佰文，義盛魁施錢叁佰文，高成福施錢叁佰文，李培直施錢叁佰文，孟有德施錢叁佰文，銅鋪施錢貳佰文，南師施錢貳佰文，德興齋施錢壹佰伍十文，閻天珍施錢□□□十文。

共總花費錢肆拾仟有零。

經理人：王柏齡、閻居仁、任湧安、任純貴、宋九功、李本聰。

大清同治九年歲次庚午小陽春甲子日吉立。

854. 南霍渠訂立規矩碑

立石年代：清同治九年（1870 年）

原石尺寸：高 121 厘米，寬 57 厘米

石存地點：臨汾市洪洞縣廣勝寺鎮石橋村泰雲寺

且夫規何以立，所以規不規之人也；矩何以設，所以矩不矩之子也。規也，矩也，範圍天地而不過，曲成萬物而不遺者也。如南霍渠者，始自陶唐，起之六朝□□慶曆五年，成於貞觀年間。爾時審地理開渠道，因田畝釘水埠，其操心於田間，勞力於水利者，可謂至仁且智也。然而普天之下，莫非王土，率土之濱，莫非□□，水之所至，實帝澤之所周。此南霍、北霍之所由昉也。南霍周流十三村，澆地七十餘頃，繞洪、趙二邑之界；不若北霍周流百一十餘村，澆地八百餘頃。□□一邑之中，因地治水，計畝均分，此洪三趙七之所由分也。最可重者，渠例一成，渠規攸分，種種條款，章章可考。自下往上者一十三村，周而復始者三十六□，□謂規矩方圓之至也，民之爭端是息矣。然三七分水，實爲盡美；而南注西注，未爲盡善。迨元、明而後，以迄于清雍正二年，奉旨鑄爲……西流，中立石墻，墻與北霍水平。□□□□人心而不悖，垂之萬世而長新，盡美矣！盡善矣！所謂草創修飾而外，且更有潤色之者，正如此也。規也，矩也，□□□□霍之範圍也。不知南霍十三村，分上下二節，上管五村，下管八村。上節澆地二十八頃、水磨三十五輪，係上節掌例所轄；下節澆地四十二頃……節掌例所轄。每水磨一輪，抵地一頃。渠例載明，由來久矣。一頃興夫二名；水磨一輪亦興夫二名。倘或天雨衝破渠堰，而地戶……治八年六月十七日，天雨沛降，山水暢發，壅塞渠道二百餘丈。上節磨戶王仁和等十三輪，抗不興夫攤錢，亦不查咸豐十年并同治七年……爾時兩縣主會勘之下，而趙邑鄭令出言失當，俾兩造物議沸騰，不能定斷，紛紛而散。上叩王、恩二憲天大老爺案下……於同治九年三月間，蒙委員潘大老爺并洪、趙二邑令，會勘明確。勘得分水亭下分水墻，趙民私行改造，殊不思咸豐年間重修水神廟……修公建，花費錢文三七均攤，現有水神廟各立碑文可考。今趙民私自改造，比舊時高有尺許，而九年掌例置之不問，差官亦□□□□，只得就事論事，□□□戶與地戶均沾水利，興修壟堰自應均攤均料，不得紊亂舊章。斷令磨戶仁和等，照舊攤錢，兩造各具甘結存案。□□□□□不得……然川流而不息。爰爲序，以誌不朽云。

京學監元李春軒撰文，增廣生員柴廷獻書丹。

掌例盧清彥、掌司程巨。

八村公直：典籍李葱、吏員董居瀛、副生李士莪、郭恒泰、監生柴大□、監生程自慷、李福安、貢生秦夢麟、董致敬、坊堆楊學仁、監生李暢鳳、張詡、李魁占、從九尉連忠、劉凌雲。巡水程盈。

鐵筆衛天福。本寺源盛、源基，佺徒廣學、廣興、廣義、廣智。

時大清同治九年歲次庚午孟冬之月吉日闔渠立石。

855. 遷移井泉暨創鑿天池碑記

立石年代：清同治九年（1870 年）

原石尺寸：高 110 厘米，寬 50 厘米

石存地點：臨汾市鄉寧縣關王廟鄉康家坪村

遷移井泉暨創鑿天池碑記

昔子與子嘗言曰，民非水火不生活，是水固所以養人之生者也。然其來也，有遠有近，其取也，有難有易。庄之兌方舊有井泉一所，離村頗遠，取水却難，老幼少壯每慨其艱，但無地可移，亦莫可如何。歲戊辰，有小壁村劉公諱訪勇、訪剛兄弟二人者，願將其地一塊施與村中，又有大槐一株一連并施。由是合庄老幼欣然商議，即於□地砌井泉鑿天池。於八年五月十五日起工，斯時也將見泉流汪汪，池水洋洋。回視疇昔之取水遠而頗難者，何其近而更易也。此豈非仁人君子廣好善樂施之恩德，爲窮鄉僻壤介當時祀世之景福也哉！功即，後求爲文以記之。余不文，略祀此以垂不朽云。

高京庠學博士弟子生員張洪烈謹撰，八寶宮道人李加安謹書。

鄂邑小壁村刘訪勇、刘訪剛偕男喜來、趙□施地一塊。

（以下碑文略而不録）

大清同治九年閏十月十九日立。

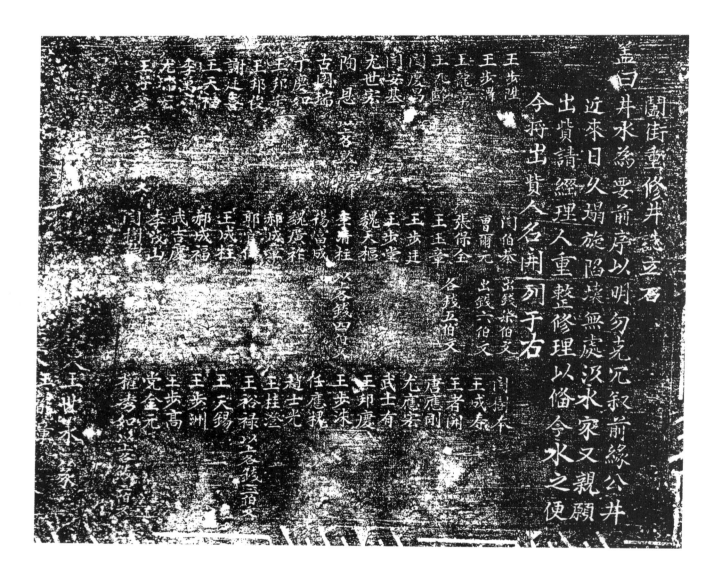

856. 闇街重修井誌立石

立石年代：清同治九年（1870 年）

原石尺寸：高 63 厘米，寬 50 厘米

石存地點：吕梁市汾陽市杏花村鎮西堡村

闇街重修井誌立石

盖曰井水爲要，前序以明，勿克冗叙前緣。公井近來日久，塌旋陷壞，無處汲水。家又親願出資，請經理人重整修理，以備今水之便。

□書人王世永篆。

今将出資人名開列于右：王步陞、王步渭、王龍章、王九齡、閻慶昌、閻安基、尤世宏、陶恩，以上各錢壹千三佰。古國瑞、丁慶如、王邦定、王邦俊、謝廷喜、王天福、李萬寧、尤瑞宏、王子彦，以上各錢□□文。閻伯恭出錢柒佰文，曹爾元出錢六佰文，張保全、王玉章，各錢五佰文。王步廷、王步堂、魏天樞、李清柱，以上各錢四佰文。楊富成、魏廣祚、郝成章、郭官仁、王成柱、郝成福、武吉慶、李茂山、閻樹德、閻樹本、王成寿、王者開、唐應剛、尤應宏、武士有、王邦慶、王步洙、任應槐、趙士光、王桂澄、王裕禄，以上各錢三佰文。王天錫、王步洲、王步高、党金元、權秀如，以上各錢二佰文。

857. 曹村掘井碣

立石年代：清同治十年（1871年）

原石尺寸：高45厘米，寬55厘米

石存地點：臨汾市蒲縣喬家灣鎮曹村戲臺

嘗聞耿公拜井，飛泉涌出，是知古人之需水甚急，而今人之所需亦同矣。曹村河南，古有舊井，損壞多年，久以河水爲飲，夏則山水冲漫，冬則水澤腹堅。村中首事咸嘆水艱，仍□鼎新。因將舊井社地，換明亮地一塊，協力掘井，乃得甘泉涌出，且又重修油磴，以便合村使用。雖爲當今計良圖，而後世感恩無暨矣。工成之日，勒石誌美，永垂不朽云。

增生馮開統書，□楊□有。

經理首事人：耆賓杜君正、杜學舜、郭逢年、邢泰和、監生杜藍田、郭逢時、郭逢太、郭逢利、席浩然。

合村姓名開列於後：杜明亮、耆□席建昌、貢生曹孔烈、席常隆、席建法、席建禄、杜明鏡、常大富、張大德、貢生曹孔照、武生杜慧田、杜心田、杜服田、杜孝禮、杜孝周、杜孝詩、杜名園、杜會元、郭珍、郭俊、張秉忠、郭□仁、郭洪英、席沛然、席羊娃、席建明、席建祥、席□令、席建業、席英、席榮、王生雨、杜學謹、張全德、張守業、張守本、張守庫、席□意、杜國慶、杜明珠、杜龍員、邢明德、邢春有、邢春福、郭存德、曹春陽、董□□、李開倉、王虎兒、樊蓬芝。

時大清同治十年八月中秋立。

858. 開三渠記

立石年代：清同治十一年（1872年）

原石尺寸：高83厘米，寬51厘米

石存地點：運城市河津市樊村鎮干澗村

〔碑額〕：誌不忘

開三渠記

干澗村在治北紫金山之陽，入山四五里許，有……天澗中□□□太澗，西爲西長大澗，在余干澗村……濁□水，自□□□不□有改矣。□□□等村……于乾隆、嘉慶等年，屢有控案糾□，□十未曾完結，余……六年，法定……上不□別……原□□渠……渠……於縣主吉任不……年任……解風……不得□而渠□□誠□□允……龍聞一渠人□水下，洵……水山异言……泉……五尺，□□□□互□尾，約占地……出渠……起錢一千五百文……地畝均□□六千兩有奇，有史公貴祥向余言曰：伊逼吾儕……

大清同治十一年歲次壬□菊月中浣之吉。